U0258187

刘玲 曹靖 罗亨长 / 编著

流沙河 题字

川菜食画

历史文化名人与川菜

青岛出版社
QINGDAO PUBLISHING HOUSE

图书在版编目（CIP）数据

川菜食画 / 刘玲 , 曹靖 , 罗亨长编著 . — 青岛 :
青岛出版社 , 2019.8
ISBN 978-7-5552-8489-5

Ⅰ . ①川… Ⅱ . ①刘… ②曹… ③罗… Ⅲ . ①川菜—
文化—通俗读物②川菜—菜谱 Ⅳ . ① TS971.202.71-49
② TS972.182.71

中国版本图书馆 CIP 数据核字 (2019) 第 170737 号

书　　　名	川菜食画	
编　　　著	刘　玲　曹　靖　罗亨长	
出 版 发 行	青岛出版社	
社　　　址	青岛市海尔路182号（266061）	
本 社 网 址	http://www.qdpub.com	
邮 购 电 话	13335059110　0532-68068026	
策 划 编 辑	周鸿媛	
责 任 编 辑	逄　丹　肖　雷　徐　巍	
特 约 编 辑	宋总业	
设 计 制 作	张　骏　叶德永	
制　　　版	青岛帝骄文化传播有限公司	
印　　　刷	青岛乐喜力科技发展有限公司	
出 版 日 期	2019年9月第1版　2019年9月第1次印刷	
开　　　本	16开（710毫米×1010毫米）	
印　　　张	15.5	
字　　　数	220千	
图　　　数	179	
书　　　号	ISBN 978-7-5552-8489-5	
定　　　价	68.00元	

编校质量、盗版监督服务电话　4006532017　0532-68068638
建议陈列类别：生活休闲　饮食文化

《川菜食画》编委会

〔顾　　　问〕　　刘学治　兰明路　龚永泽　赵跃军　苟行健
　　　　　　　　　邓　文　王　洋　林　泽　陈　文　何艳平
　　　　　　　　　陈　良

〔主　　　编〕　　刘　玲

〔副　主　编〕　　徐孝洪　陈玉莲

〔美 术 总 监〕　　辜　敏

〔菜 品 拍 摄〕　　胡浩然

〔视 频 录 制〕　　陈　林　陈明兴　吴轩瑾

〔编　　　辑〕　　刘国兵　唐招怡　夏成文　梁　雨

老去齒牙堪大嚼

流涎才合慰饞奴

俗效翁句題

川菜食畫

流沙河九十

坚定文化自信，讲好川菜故事

"蜀道难，难于上青天"，却拦不住天下诗人皆入蜀。晋代左思《蜀都赋》描述的蜀府奢宴，唐时文人笔下的蜀疏、蜀味，北宋都城汴京和南宋都城临安的"川饭""川味"招牌……标志着川菜的历史已有近两千年，且随着发展逐渐走出四川，声名远播。"陆游驴滚雪花""杜甫过江片鱼""文君风兮归来"，美好的故事，诗画了味型丰满的每一道菜馔。

中华五千年文明史，也是一部饮食文化的发展史。中国餐饮文化博大精深、源远流长。天府自古土地肥沃、物产丰富，千百年的巴蜀文化积淀，也成就了川菜"一菜一格，百菜百味"的独特风韵。今天，川菜早已跨出国门，扬名四海，成为许多海外朋友了解中国文化、传播中国文化的重要载体。

习近平总书记强调文化自信，要求讲好中国故事。中餐作为中华文化软实力、文化自信和民族自信的重要载体，影响深远，作用巨大。文化是菜品的灵魂，有灵魂的菜品才传得久远，才有典藏价值。"继承中华饮食文化，弘扬传统烹饪技艺，为中华民族留下宝贵的文化遗产"是餐饮人肩负的重要历史使命。

《川菜食画》为我们呈现了一部厚重的川菜人文历史，它用一个个生动有趣的名人美食典故、一幅幅充满浓郁巴蜀民俗风情的图画、一位位川菜大师名厨的匠心菜肴、一道道活色生香的佳肴美图、一幕幕步骤详尽的菜品烹饪视频，全方位立体展示了五十多个历史文化名人的川菜传说和川菜调味故事，是现代与传统的有机融合，是文化传承与创新的生动实践。

《川菜食画》的问世是一次非常有价值的尝试。该书对川菜文化所蕴含的传统文化内容和民俗民风的描述，对川菜经典菜品的全新呈现方式，对推动川菜文化的挖掘、整理、传承和创新，形成川菜"美食故事"，都有着积极的现实意义。

感谢五十多位川菜大师名厨亲身参与《川菜食画》菜品创作，这不仅是川菜业界的盛事，也是全国烹饪界的大事，它书写了川菜文化史上的新篇章，也是川菜在文化演进中的一次有益的实践，在这个过程中，每一位川菜人，都是推进川菜历史文化发展的参与者和推动者。

王蒙说，不吃之吃，是为吃。我诚邀天下喜爱川菜、喜爱美食的朋友，不妨先"吃"完这本书吧！

中国烹饪协会会长　姜俊贤

2019 年 7 月于北京

目录

壹

名人美食篇

秦蜀王五丁开山 10

张仪清蒸甲鱼 14

李冰郡府梆梆鱼 18

文君凤兮归来 22

扬雄蜀都方言糕 26

文翁脯脩 30

严君平清心菘 34

张道陵天师白果炖鸡 38

刘备秘制莱菔饼 42

曹操鸡肋三宝 46

关云长水淹七军 50

武侯军粮 54

诸葛馒头 58

诸葛亮舌战群儒 62

郭璞七星鱼 66

陈子昂古琴鱼韵 70

太白酱肉 74

薛涛胭脂兔 78

元稹灯影牛肉 82

唐玄宗天回豆腐 86

杜甫过江片鱼 90

武则天瑶柱冬瓜燕 94

花蕊夫人薯月银盘 98

花间流苏 102

东坡王弗鱼肘 106

苏氏眉州三酥 110

东坡元修菜羹 114

陆游驴滚雪花 118

魏了翁雀舌乌鱼 122

唐慎微御方补血菜 126

杨状元灯盏窝儿 130

升庵桂花鸭 134

黄峨小煎鸡 138

李调元清蒸紫葳 142

曹雪芹红楼茄鲞 146

将军鸡汁 150

张大千·君子鸭 154

朱自清穿树月朦胧 158

郭沫若与半月沉江 162

李劼人兰香薰兔 166

李劼人巧拌七姊妹 170

巴金琥珀桃仁 174

自贡井盐 180

· 水煮牛肉 182

汉源贡椒 184

· 花椒兔丁 186

中坝口蘑酱油 188

· 酱油拌饭 190

· 鱼香肉丝 192

甜面酱 194

· 酱爆肉 196

香油 198

· 香油蘑菇 200

天府菜油 202

· 清油烧椒 204

四川泡菜 206

· 泡椒双脆 208

· 老坛子酸菜鱼 210

· 吉庆泡菜 212

阆中保宁醋 214

· 糖醋排骨 216

潼川豆豉 218

· 豆豉鱼条 220

内江蔗糖 222

· 菊花鱼 224

成都二荆条干海椒 226

· 辣子鸡 228

郫县豆瓣 230

· 豆瓣过水鱼 232

红油 234

· 红油鸡片 236

菌味山珍精 238

· 雅江松茸捞饭 240

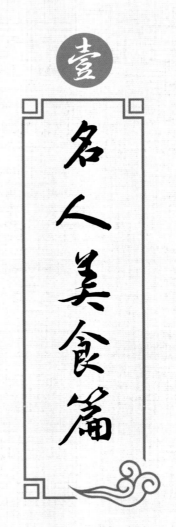

壹

名人美食篇

秦蜀王五丁开山

噫吁嚱，危乎高哉！

蜀道之难，难于上青天。

蚕丛及鱼凫，开国何茫然。

尔来四万八千岁，不与秦塞通人烟。

西当太白有鸟道，可以横绝峨眉巅。

地崩山摧壮士死，然后天梯石栈相钩连。

——唐·李白《蜀道难》

诗仙李白的这首《蜀道难》，其实暗含着一个故事——"五丁开山"。

在遥远的古蜀国开明王朝末期，蜀国富饶，但蜀王好色，臭名远扬。觊觎富饶的蜀国多年的秦国惠王多番谋划之后，决定送蜀王五位秦国绝色美女。蜀王闻听喜出望外，立即派五丁力士前往秦国迎接。五丁力士其实就是五位年轻的大力士。

返蜀途中，当走到梓潼七曲山时，五丁力士被一条巨蟒拦住去路。一番搏斗，受伤的巨蟒想往山洞里逃。五丁力士冲上前拽住蟒尾，巨蟒一声咆哮，霎时间山崩地裂，壮士和美女们都被压在滚滚而下的山石中。当烟尘散去，一条道路豁然呈现，这就是有名的"秦蜀古道"，从此就有了"五丁开山"的神奇传说。

蜀王得知秦国美女葬身巨石后悲痛欲绝，对五丁力士的死却毫不惋惜，这令闻讯的蜀地人民非常寒心。蜀地百姓忘不了五丁大力士的功劳，不仅塑造了"五丁开山"的石像，在成都，还用一条古老的名为"五丁路"的街道纪念他们。

"五丁开山"这道菜，就是根据这个流传千年的故事制作的。四川人将切成小方块的东西叫作"丁"。所谓"五丁开山"，就是用鸡丁、鸭丁、鱼丁、兔丁、猪丁为原料制作的菜肴。

秦蜀王五丁开山

（黄晏铭 绘）

兰明路

注册中国烹饪大师，全国技术能手，享受国务院特殊津贴专家，国家级兰明路技能大师工作室领办人，中国烹饪协会名厨委副主席，世界厨师联合会国际评委，世界中餐业联合会名厨委员会四川区主席，四川省烹饪协会副会长兼名厨联谊会会长。

代表菜品

宫保虾球、怪味牛肉、担担鳜鱼、泡菜银鳕鱼

1988年，兰明路在四川绵阳入厨学徒。勤奋好学、悟性高的兰明路成名较早。早年的国外工作经历让他明白"只有民族的才是世界的"，而与川菜泰斗史正良的师徒情缘，则让他明确坚定了自己一生的追求目标——让川菜绽放于世界美食之林！为了更好地继承和发扬川菜文化，兰明路密切关注着世界餐饮发展潮流，思考探索如何让川菜古老传统的技艺，与现代餐饮先进技术交流融合、交相辉映。他摒弃门户之见，成立"兰明路技能大师工作室"，与海内外烹饪大家切磋交流，与川菜前辈同行推心置腹。他深谙"功夫在诗外"，专赴成都学习川剧变脸，丰富自己的传统文化底蕴，让自己的菜品也拥有百变魅力。他获奖无数，但他依然轻装前行，因为只有川菜，才是他的最爱，是他毕生的追求！

这道"五丁开山"，是兰明路运用他最擅长的川式煳辣荔枝味调和烹制而成，酸甜中略带微辣。菜名"五丁开山"的大气磅礴和烹制的举重若轻，相得益彰。兰明路的川菜情怀和追求，一览无余！

编者注：扫描二维码可看菜品制作视频，其中食材用量和操作步骤，与菜谱制作文字表述略有差异，供参考。

五丁开山 煳辣荔枝味

- **主料** · 鸡脯、鸭脯、乌鱼、兔柳、猪里脊各 50 克
- **辅料** · 葱丁 15 克，蒜片、姜片各 5 克
- **调料** · 咸红酱油 12 克，白糖、醋各 30 克，料酒、干辣椒段各 5 克，胡椒粉 0.5 克，香油、盐各 2 克，水淀粉 15 克，混合油（菜籽油、猪油各半）120 克，花椒 1 克

· 制作 ·

1. 主料切丁入碗，加料酒、胡椒粉、盐、水淀粉上浆码味。
2. 将糖、醋、盐、酱油、香油、水淀粉盛碗中对成滋汁。
3. 炙锅后将炒锅置旺火上，下菜籽油烧至七成热，下干辣椒段、花椒略炒后，下主料五丁爆炒至散开发白，速下姜片、蒜片、葱丁，烹入滋汁，起锅装盘即成。

· 制作心得 ·

炙锅也叫炙炒锅，是爆、炒一类菜肴烹制前的一道操作程序。即将炒锅烧至温度很高时，入冷油并用炒瓢边淋边搅，使油四方散开后倒出油，反复进行两次。炙锅后锅受热均匀，不易粘锅。

张仪清蒸甲鱼

传是秦时楼，巍巍至今在。

楼面两江水，千古长不改。

曾闻昔时人，岁月不相待。

——唐·岑参《张仪楼》

许多人对电视剧《芈月传》中足智多谋且能言善辩的秦相张仪深刻印象，却未必知道，成都这座千年古城曾经别称"龟化城"。这个颇有意思的名称就源自张仪"乌龟画城"的故事。

话说古蜀国从"五丁开山"到"金牛开道"，最终遭遇"秦王灭蜀"。翻天覆地之后，开启了秦王治蜀的篇章。秦王派出的治蜀重臣就是战国时期赫赫有名的军事家、纵横家——秦相张仪。

成都是开明王朝的国都，经过几个世纪的建设已经初具规模，不过这一切在张仪看来都微不足道，他要把成都建得和首都咸阳一般开阔宏大。然而，当时的成都平原低洼潮湿，河泽密布，往往是一堵墙筑起来，正要加高加宽，它却又一下子垮掉了。

一天，张仪发现一只巨大的乌龟，时停时走，在工地上留下一行长长的足迹，隐约看去，颇有几分建筑图纸的模样。精通天文地理的张仪急忙下令沿着龟迹筑城，结果新建起的城墙再也没有倒塌。一年以后，全新的成都城在蜀地屹立起来，而乌龟画城的故事也在民间逐渐传开。

这道张仪清蒸甲鱼，取"张仪亲征"之寓意，体现了千百年来蜀地百姓对这位足智多谋蜀国郡守的怀念之情。

张仪清蒸甲鱼

（孙健　绘）

王开发

国家高级中式烹调技师（原特一级），注册元老级中国烹饪大师，特一级厨师考核评委，荣获"中国烹饪四十年贡献奖"、四川省烹饪协会"川菜突出贡献奖"、中国烹饪大师名人堂"尊师"称号。

代表菜品

叉烧乳猪、家常海参、干烧鱼翅、蹄燕鸽蛋、口袋豆腐、葱椒大虾、坛子肉

　　1961 年，王开发进入成都市饮食公司，从此开始了他长达 58 年的厨师生涯。最初进入齐鲁食堂，后来到荣乐园任厨师长，他练就一身扎实的烹饪基本功，精通红白两案。1980 年拜蓝派川菜传人张松云大师为师，得其真传，厨艺更是突飞猛进，尤其其基本功刀工在业内有着"王飞刀"的美誉。1982 年他被公派美国荣乐园工作。6 年的海外工作经历，让他对传统川菜有了更加深刻的认识。2016 年，王开发与弟子张元富联手创立了川菜"松云门派"，并在 2017 年在成都开办了松云泽包席馆，力促川菜传统发扬光大。

　　王开发大师运用传统老川菜清蒸的烹饪技法来制作这道"张仪清蒸甲鱼"，既表达了他对这位曾经的蜀国郡守的敬意，也展现了他娴熟的川菜烹饪技巧和对食材的尊重。著名美食作家沈宏非先生曾经说过，对一条鱼的最高礼遇是"清蒸"。甲鱼虽不属鱼，但清蒸能保留其原汁原味，有异曲同工之妙。

张仪清蒸甲鱼 `咸鲜味`

· 主料 ·　野生甲鱼 1 只

· 辅料 ·　冬笋、熟火腿各 15 克，干香菇 5 个，鸡腿 1 只，清汤 200 克

· 调料 ·　盐 5 克，料酒、醋、酱油各 10 克，红油、白胡椒粉各 3 克，姜 25 克，葱白 15 克

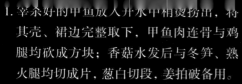

1. 宰杀好的甲鱼放入开水中焯烫捞出，将其壳、裙边完整取下，甲鱼肉连骨与鸡腿均砍成方块；香菇水发后与冬笋、熟火腿均切成片，葱白切段，姜拍破备用。

2. 分别将鸡块、甲鱼肉块、壳、裙边放入锅中烧开后捞出，放入盆中，再放入香菇、冬笋、熟火腿，加入葱白段、姜、料酒和清汤，用锡纸蒙好后放入蒸笼大火蒸2.5小时，离笼捞出葱、姜，加入盐、白胡椒粉即成。

3. 姜切成姜米放小碗内，加醋对成毛姜醋碟；另一小碗加入酱油、红油对成红油碟一同上桌即可。

·制作心得·

此菜是清蒸菜，为了使汤汁清亮，务必将鸡腿肉、甲鱼肉的血水除尽。

李冰郡府梆梆鱼

峡口雷声震碧端，离堆凿破几经年！
流出古今秦汉月，问他伏龙可曾寒？

——清·董湘琴《游伏龙观随吟》

李冰是秦昭王派往蜀地的第三任郡守。当时的蜀郡河泽密布，气候湿润，常常遭遇洪水的侵害。为了治理水患，李冰专门到当年古蜀国鳖灵治水之地——岷江上游的玉垒山考察，决定在玉垒山上鳖灵治水开凿的基础上，再营建一个大型的水利工程。

当晚，疲惫不堪的李冰决定就在山间露宿。睡眼蒙眬间，他被一阵"梆梆梆、梆梆梆"的叫声惊动，起身顺着叫声走去，借着月光他发现在山涧小溪岩石缝之中，有几只拳头大小的小动物，正伸着头"梆梆""梆梆"地欢叫着。

第二天中午吃饭时，一锅颜色雪白、味道细嫩赛鸡肉的菜肴让李冰很是惊异。属下告诉他，这就是那些会"梆梆"叫的东西，是请当地人烹制的，可以放心食用。

玉垒山上的这道美食给李冰留下极深的印象，有时他也会在繁忙的治水工作空隙，和家人一起尝试多样的烹制方法，享受难得的天伦之乐。而这道菜，也成为郡守府的保留菜肴。后来人们为纪念李冰，尊他为"川祖"，还把这道菜称为"郡府（川祖）梆梆鱼"。

其实"梆梆鱼"是一种两栖动物，属蛙类，因其"梆梆"的叫声而得名。

李冰郡府梆梆鱼

（刘光林　绘）

19

曾代全

国家高级中式烹调技师（原特一级），注册资深级中国烹饪大师，都江堰市烹饪协会会长。

代表菜品

幸福炝锅鱼、灯盏窝回锅肉、药王养身肘

1980 年，曾代全随叔父——川西名厨曾建成，在灌县幸福餐厅开始学徒。曾建成除了把自己南堂馆的一身手艺传授给他，还为他创造了很多的学习机会。曾代全先后在四川饮食服务技校烹调班、四川烹饪高等专科学校高级进修班学习，理论与操作并重。在近三十八年的川菜生涯中，他辗转于国内和海外的酒店餐厅，从厨师长做到总经理。他曾在全国第三届烹饪技术比赛中荣获冷菜、热菜金牌，他还是《林师傅在首尔》川菜技术现场指导。他爱川菜、爱家乡，他制作的"李冰郡府梆梆鱼"就充分展示了其烹饪技艺和家乡情怀。

此菜受到都江堰民间善做的梆梆鱼的启发，结合现代烹饪手法而创制。菜品咸鲜微辣，突出泡椒风味。味道令人惊喜，回味无穷。

郡府梆梆鱼 　泡椒味

- ·主料· 　岩蛙腿 12 只
- ·辅料· 　瓢儿白、青笋片、胡萝卜片各 20 克，蒜苗 50 克，枸杞 3 颗，水发香菇 2 个，清汤 200 克
- ·调料· 　青城洞天乳酒、胡椒粉各 10 克，水淀粉 20 克，盐、姜、白糖各 5 克，大葱 1 根，花椒 15 克，蒜、菜籽色拉油各 50 克，料酒 8 克，泡椒 100 克，混合油（菜籽油、猪油各半）150 克

· 制作 ·

1. 将大葱、泡椒、蒜苗切成段，姜、蒜、香菇切片，将治净的岩蛙腿用料酒、盐、花椒、姜片、葱段腌制 10 分钟。

2. 锅中加入清水烧开，加盐、菜籽色拉油，放入青笋片、胡萝卜片、香菇片、蒜苗段、瓢儿白焯熟，沥干摆盘。

3. 热锅放入混合油，加姜片、蒜片、葱段、泡椒段炒香，加入青城洞天乳酒、清汤，烧沸去渣后，放入岩蛙腿小火焖 5 分钟后捞出摆盘。

4. 将锅中汤汁加入水淀粉勾玻璃芡，浇在菜品上，放 3 颗枸杞即成。

· 制作心得 ·

这道菜用到都江堰特有的青城洞天乳酒，不仅起到去腥、使汤浓稠的效果，而且使成菜在咸、鲜味中隐含微甘。

文君凤兮归来

凤兮凤兮归故乡，遨游四海求其凰。

——汉·司马相如《琴歌》

一曲《琴歌》令司马相如与卓文君的爱情故事千古流传。然而在"文君当垆，相如涤器"的烟火气中，一道"凤兮归来"，却藏着一段令才女卓文君心酸又喜悦的曲折故事。

据说一日，从长安来成都的差官交给卓文君一封信，满心欢喜的卓文君打开后发现信里是一串数字：一二三四五六七八九十百千万。独缺亿（忆）。聪颖过人的卓文君顿时领悟到：夫君相如这是在长安登上龙门要变心了！于是，她巧妙地将这数字写成一首字字血泪的诗：

一别之后，二地相悬。只道是三四月，又谁知五六年。七弦琴无心弹，八行书无可传，九连环从中折断，十里长亭望眼欲穿。百思想，千系念，万般无奈把郎怨。

司马相如在京城读到这首诗后十分羞惭，他回到成都，用高车驷马，登门迎接卓文君。于是，凤兮归来，文君如愿！

这道菜取凤翅、凤爪等食材，加金瓜汁熬制而成，寓意卓文君用一片真心真情唤回爱人，相如回头金不换！

文君凤兮归来

（李朝霞 绘）

吴秀彬

国家高级中式烹调技师（原特二级）、中国烹饪名师、德阳餐饮商会副会长。

代表菜品

芋泥鲜虾、盗汗王汤、酱焖鱼、荷叶香猪

　　吴秀彬从厨起点很高，学厨三年，他就开始独当一面。1991年，他远赴海南工作，5年时间，从厨师长做到行政总厨。2000年，他与川菜大师卢朝华结下师徒之缘，进入菜根香泡菜酒楼任厨师长，成名于成都餐饮江湖。2003年，他任职九州一味精品酒楼总厨，获得"成都味道十年总评榜十佳""成都十大行业精英"殊荣；同年获得第十二届中国厨师节烹饪大赛金奖2枚、银奖1枚和四川省第三届烹饪技术大赛个人金奖。2010年，吴秀彬开始涉足餐饮管理，先后在国内多家大中型餐饮企业任厨政总监、总经理。他从业以来培养徒弟近30名，是成都小有名气的"吴氏门派"掌门。

　　为制作这道"文君凤兮归来"，吴秀彬精心选择羊肚菌等山珍辅助主料，使浓浓的山珍之鲜唤出凤鸡之鲜，美味相互交融，浑然天成，将文君的巧妙情思完美呈现，真是"心有灵犀一点通"。

文君凤兮归来 咸鲜味

· 主料 · 凤翅 125 克，凤爪 100 克，凤掌中宝 80 克

· 辅料 · 羊肚菌、板栗、独头蒜、慈姑各 30 克，竹荪 15 克，金瓜 50 克

· 调料 · 姜片、葱段各 10 克，盐 5 克，水淀粉 20 克，混合油（菜籽油、猪油各半）100 克，清汤 500 克

· 制作 ·

1. 将主料汆水备用。慈姑去皮，金瓜打成汁。

2. 锅内放混合油烧热，先下姜片、葱段，再下主料略炒后，加入清汤小火慢煨，依次加入板栗、羊肚菌、独头蒜、慈姑、竹荪后，加入盐调味。

3. 将煨到熟而不烂的材料捞入盛器内，用剩下的清汤加入南瓜汁调色，用水淀粉勾芡后淋于菜上即成。

· 制作心得 ·

通过焯水去掉原料腥味；依据各种材料成熟时间的不同，掌握好下锅的先后顺序。

扬雄蜀都方言糕

山不在高，有仙则名。水不在深，有龙则灵。斯是陋室，惟吾德馨。苔痕
上阶绿，草色入帘青。谈笑有鸿儒，往来无白丁。可以调素琴，阅金经。
无丝竹之乱耳，无案牍之劳形。南阳诸葛庐，西蜀子云亭。孔子云："何
陋之有？"

——唐·刘禹锡《陋室铭》

刘禹锡这篇千古名文中的"西蜀子云"，说的就是成都郫县人，被誉为大儒、"汉代孔子"的扬雄。

扬雄长于辞赋，是仅次于司马相如之后西汉最著名的辞赋家。他在其名篇《蜀都赋》里比较系统地描述了汉代四川地区的烹饪原料、烹饪技艺、川式筵宴及川人饮食习俗。

扬雄家世代以耕种、养蚕为职业，扬家五代只有一子单传。虽然如此，扬母对扬雄从小要求很严。扬雄少时十分好学，虽略有口吃，但博览群书，志存高远。小时候的扬雄和许多同龄人一样，最盼望的就是过春节。每到春节前夕，母亲就会用稻米做许多"稻饼"：先将稻米蒸熟以后，趁热春成米齑，晾干后切成小块。每次母亲做好后，会先用来祭祀先祖，完事后小扬雄就可以享用了。稻饼的美味在扬雄清苦的童年时代，留下了美味又美好的记忆。

后来扬雄历时多年编著《方言》，在这本中国第一部方言研究专著里，他首次将"稻饼"称为"糕"。也许在他的记忆里，母亲做的稻饼有着如羊羔般的细嫩美味吧。从此，人们开始将一些用稻米做成的饼称为糕、年糕、米糕等，一直沿用至今。

扬雄蜀都方言糕

（刘静 绘）

赖晓辉

国家高级中式烹调技师、中国烹饪大师、天府掌柜厨政总监、
成都名堂餐饮集团董事行政总厨。

代表菜品

红焖中华鳖、泡椒芝麻大肉蟹、宫保脆皮大花虾

2016年，将成都传统小吃以全新的意境呈现并亮相的天府掌柜，开张就以骄人的销售业绩令同行刮目相看。赖晓辉就是天府掌柜品牌的厨政总监。1990年他入厨成都蜀都大厦旋转餐厅，在他的师父胡晓军的悉心指点下，赖晓辉从厨工一路做到主管。1996年，他进入四川烹饪高等专科学校深造。两年的专业学习，让赖晓辉的烹饪理论与烹饪技术得以全面提升。在闯荡餐饮江湖三年后，2008年加盟许凡的成都名堂餐饮集团，任董事行政总厨，并兼任美国老四川餐饮连锁集团菜品研发总监，为川菜的国际推广尽职尽责。

纵观川式小点，用米制作的品类繁多，仅带有"糕"字的就有黄糕、白糕、冻糕等10余种。这道"蜀都方言糕"，就是采用四川民间小吃白米糕（又称发糕）的制作方法蒸制而成。天府掌柜总厨亲自操作，大儒扬雄的加持，让这道古朴典雅又充满童趣的方言糕堪称完美。

扬雄蜀都方言糕 甜香味

· 主料 · 　大米 200 克

· 辅料 · 　大枣 10 颗，核桃仁 30 克，酵母浆 2 克，熟米饭 30 克

· 调料 · 　白糖 50 克，小苏打 0.1 克

· 制作 ·

1. 将大枣去核切片，核桃仁切片备用。

2. 大米淘洗干净，入清水泡透后捞起；加入熟米饭、适量清水和匀磨成细米浆后加入酵母浆搅匀。待米浆发酵起泡后加入小苏打、白糖。

3. 蒸笼内垫上湿笼布，倒入米浆，放上大枣片、核桃仁片，盖上盖子用旺火蒸 20

分钟。取出晾凉后切成菱形块即可。

· 制作心得 ·

要用沸水旺火蒸，中途不能闪火（四川方言，指大火蒸制时火忽然变小）。

注：酵母浆是将大米浸泡后磨成细浆，再加入酵种，发酵而成。

文翁脯脩

锦里淹中馆，岷山稷下亭。空梁无燕雀，古壁有丹青。

槐落犹疑市，苔深不辨铭。良哉二千石，江汉表遗灵。

——唐·卢照邻《文翁讲堂》

据说是孔子开了老师收学生酬金之先河。孔子在《论语·述而》中明码实价："自行束脩以上，吾未尝无诲焉。"这句话的意思就是："只要拿着十条干肉为礼来见我的，我从没有不教诲的。"十条干肉为"束脩"，它是古时人们礼尚往来的礼物。从孔子开始，"束脩"专指学生送老师的酬金。

话说汉景帝末年，安徽人文翁被任命为蜀郡守。当时的成都尽管经济发达，但是文化却相对落后。文翁上任后，选出一批有才干的青年，送到长安请博士（古代传授经学的官员）教授培养。文翁让郡守府的厨师们做了不少风干肉：将猪肉切成条后，加入蜀姜等辛香料腌制几日，然后晾晒风干，再命人将制好的干肉从成都捎给长安的博士，请他们多多关照蜀地的青年。结果，千里之外的蜀郡捎来的风干肉因其干香味美被长安城博士们口口相传，并直呼为"文翁脯脩"。

后来为节省开支，文翁决定在蜀郡开办一所自己的学校。于是，巴蜀大地上出现了第一所由地方政府出资兴建的学校。学校的校舍主要由石头建造，因此被后人称为"石室"。而文翁脯脩的制作方法也随着时代不断改进演变，成为成都的一款地方美食，流传至今。

文翁脯脩

（杨瑶 绘）

龚永泽

调味品专家，烹调专家，美食家，四川省调味品协会副会长，成都餐饮同业公会会长，中国调味品协会理事，四川省烹饪协会副会长，四川金宫川派味业有限公司董事长。

从 1995 年龚永泽创立成都金宫味业公司开始，他就和餐饮调味料结下了不解之缘。他平常喜爱做川菜，更善于研究川菜。成都是川菜发源地，国际、国内调料巨头云集，市场竞争异常激烈。凭着对川菜深刻独特的理解，龚永泽在川菜调味领域深耕数十年，他研发的"金宫"系列产品以鲜明的川派特色，助力川菜创新发展，并受到川菜厨师的认可和推崇，成为川味调料知名品牌。他是四川省调味品协会副会长，中国调味品协会理事，四川省烹饪协会第四届理事会副会长，"成都市劳动模范"；2010 年 12 月被评为"四川调味品行业杰出企业家"；2014 年荣获"中国最具社会责任企业家"殊荣；2018 年荣获"世界川菜领军人物"称号。

作为调味专家，龚永泽有着极其丰富敏锐的调味经验和强烈的川菜情怀。他根据古法腊味腌制的传统方法，结合现代工艺技术研制而成的金宫酱料，为制作传统腊味食品提供了简洁而高效的制作方法，成为成都著名特色风味复合酱料。这道文翁脯脩，他运用传统的川菜腊味腌制技艺制作而成，再现蜀地传统美味，追忆石室文翁。

文翁脯脩 烟香味

- · **主料** · 猪坐墩肉条 1200 克
- · **辅料** · 白酒 20 克，柏树锯末 1000 克
- · **调料** · 盐 30 克，花椒 5 克

· 制作 ·

1. 将盐、花椒和匀后，抹在肉条上用力反复揉搓，再将白酒均匀抹在肉条上码味后放入缸中腌制72小时。其间翻动两三次。出缸后一定要将腌肉挂起来，置于通风处晾至半干。

2. 将铁锅烧至七成热，放入柏树锯末烧出浓烟时，放上蒸格，将半干的腌肉放入盖好，用小火熏10分钟关火，焖5分钟。取出挂于通风的高处，晾晒一个月即成。

· 制作心得 ·

腌制好的肉一定要用风吹，这是制作腊肉的重点；熏制时，时间不可过长，否则影响口感。由于腊肉腌制用料使用量多凭经验，加之熏制麻烦，因此也可采用腌腊风味复合酱料，能极大地简化腊肉制作流程，且腊肉口感与传统制作的相比更丰富，咸淡的把握更精准。

严君平清心菘

严平本高尚，远蹈古人风。

卖卜成都市，流名大汉中。

——唐·郑世翼《过严君平古井》

"大隐隐于市"，说的就是严君平在成都的一段生活经历。

严君平是蜀郡成都人，道家学者，也是西汉大文豪扬雄的老师，长期游历四方，在街市中占卜谋生。绵竹的严仙观、月波井、成都的君平街、支矶石街，广汉的君平台，邛崃君平故里等都曾留下他的足迹。严君平五十多岁时写出了"王莽服诛，光武中兴"的著名预言，提前二十多年预测了"王莽篡权"和"光武中兴"两个重要的历史事件。

在成都人民公园的后面，有一条古老幽静的街道——君平街。相传当年严君平为传播老子教义，隐居在这条街上，以占卜耆龟给人看相为名，宣扬老子道德经。他每天摆摊给人看相，只要收够100个铜钱，能维持当日的基本生活，就收摊回家，闭门读书。严君平生活极其简朴，追求修身养性。他深谙养身之道，讲究六味清淡。菘是他日常饮食中一道常见的蔬菜，做法简洁不简单，味道清新亦清心。

严君平健康又长寿，活了九十多年。91岁去世后埋葬于郫县平乐山。而他居住过的君平街，两千多年来，街名未改。

菘是白菜的古称。菘原产中国，有六千多年的历史，春秋战国时期已有栽培，最早得名于汉代。元朝时民间开始称其为"白菜"。

严君平清心菘

（丁茜 绘）

杨杰

国家高级中式烹调技师，中国烹饪名师，川菜烹饪大师，成都柴门餐饮公司、成都柴悦餐饮公司创始人。

代表菜品

厚皮菜烧土鸡、五谷丰登、烧椒拌凤爪、凉粉烧鲜鲍、一品官燕

　　杨杰擅长凉菜、热菜烹饪，精于研发，勇于创新，对高端商务宴请菜品有其独到见解和作为。2006年杨杰与其合伙人共同创办柴门河鲜，他负责酒店菜品。精美的柴门河鲜菜品一问世就引领成都河鲜时尚。随着"柴门"企业品牌的不断发展壮大，内敛低调的杨杰也在不断地丰富完善自己。2009年他在四川大学学习现代企业高级工商管理并以优异成绩结业。虽然从事餐饮管理已有十三年，但他从未放弃自己的烹饪手艺，2017年他创办柴悦餐饮公司，探索传统川菜与现代烹饪技术的融合之道。他再次启程，追寻他的川菜梦想！

　　杨杰的这道"清心菘"，清水出芙蓉，天然去雕饰，清鲜中略带酸味，清心又爽口，完美诠释了"大道至简"！

清心菘 咸鲜清香味

· 主料 · 　白菜 250 克

· 辅料 · 　葱 20 克，小米椒 6 克

· 调料 · 　盐 2 克，白糖 10 克，白醋 15 克，鸡汁 3 克

· 制作 ·

1. 将成熟的白菜剥去老叶，葱切丝，小米椒剁碎备用。
2. 将白菜叶横切成细丝，放入冰水中浸泡20分钟捞起，沥干后叠放在盘中。
3. 将盐、白糖、白醋、鸡汁调匀后淋在白菜丝上，碎小米椒和葱丝放在白菜丝顶端即成。

· 制作心得 ·

要选用脆嫩无筋的白菜心。放入冰水中浸泡是此菜成功的关键步骤。此菜调味相对简单，但这样才能更好体现菜品的本味，辅以小米椒更符合现代人的饮食风格。

张道陵天师白果炖鸡

青城山中云茫茫，龙车问道来轩皇。

当封分为王岳长，天地截作神仙乡。

——宋·白逊《游青城山》

青城山是道教发源地之一，传说道教创始人天师张道陵晚年曾经传道于青城山。

话说一日张道陵在青城山古常道观中盘坐，耳边隐隐传来山下鸡鸣狗吠之声，有些干扰他静修。于是，他从山脚下挖一株银杏苗，亲手种植在古常道观旁。说来也怪，此树苗栽下后生长极快，迅即拔地十丈，参天大树似绿屏陡立，锁住山之灵气，屏蔽世俗嘈杂，最终助张道陵修成大道。经过近两千年的风雨洗礼，这株千年古树早已成为青城山"镇山之宝"。因银杏又称为白果，这株古树也被世人敬为"天师洞白果大仙"。

一千五百年后的一天，青城山下村舍中一年轻媳妇久病不愈，其丈夫来到天师洞跪拜，欲求治病良方。道长宅心仁厚，一口答应。当天夜晚，道长梦见了张天师，说起在青城山修道炼丹时留存有仙丹，可以治病救人。惊醒后道长百思不得其解，干脆披衣起身来到院中，一抬头，见天师洞前银杏果在月色映照下其形酷似仙丹。

第二天一早，他摘取了一些银杏装入布袋，交给求方的村民，并告之将银杏果用作药引子，用老母鸡炖制鸡汤，让病人食用。村民回家后如法炮制，媳妇服用银杏果鸡汤后终于得以康复。从此青城山的"天师白果炖鸡"被人们视为来自仙界且药食两用的美味。

这正是：与道共生古树常青，道法自然万物有灵。

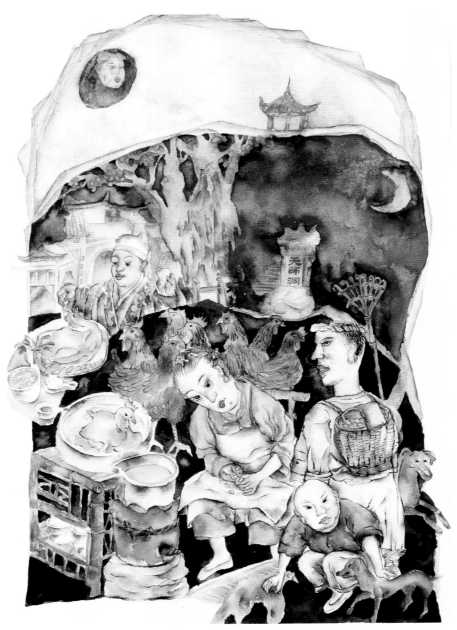

张道陵天师白果炖鸡

（周敏 绘）

刘昌正

国家高级中式烹调技师（原特一级），元老级中国烹饪大师，
国宴川菜传承人。

代表菜品

葱烧鹿筋、鱼香豆腐饺、古堰春晓、太守什锦、青城长生鱼、
天师白果炖鸡

　　五十二年前，刘昌正在青城山建福宫餐厅与著名川菜大师陈海清结缘，开始了他高起点的厨师生涯。一路走来，他得到多位川菜老师傅的悉心指教。张金良、孔道生、刘建成、曾国华、张德善，均是在川菜领域如雷贯耳的名字。刘昌正先后在成都市芙蓉餐厅、成都饭店、都江堰市委宾馆等多处酒店餐厅担任厨师长、经理，并负责烹饪教学工作。1982年起，他还长期承担四川省成都市的重要接待任务并任厨师长。刘昌正精通川菜，旁通粤、鲁、淮扬菜的制作。五十二年的川菜生涯中，他最擅长的是高级宴席的组织接待，并受到中外嘉宾的高度赞誉，留下了许多佳话逸事。

　　这道"天师白果炖鸡"，是一道传统的道家名菜，采用青城山的白果，经过精心烹制而成，汤色乳白、浓香味美，鲜香、软糯，是"青城四绝"之一，也是刘昌正大师的保留菜品之一。

天师白果炖鸡 　咸 鲜 味

- **·主料·**　　土鸡1只，青城山白果500克
- **·辅料·**　　猪肘1个，鸭骨500克，姜10克
- **·调料·**　　白糖、盐各0.5克

·制作·

1. 先将白果去壳去皮,然后放入锅里焯水,捞出待用。
2. 将鸡、鸭骨、猪肘分别氽水后洗净待用。
3. 将猪肘、鸡、鸭骨、白果、姜同时放在锅内,按需要一次性把水加足,先用大火炖半小时后,再用文火炖3小时,起锅装盆时,放入白糖、盐即成。

·制作心得·

汤中加猪肘使汤白,加鸭骨取其鲜,一次加足水保营养不流失不散味,三者合而为一方得正宗味道。

刘备秘制莱菔饼

勿以恶小而为之，勿以善小而不为。

——三国·刘备

刘备是西汉中山靖王之后，公元221年，在成都称帝，国号汉，史称蜀或蜀汉。

刘备和魏国丞相曹操是一生的对手。据说刘备被曹操击败过五次，但是每一次刘备都能全身而退，而且每一次刘备都跑得非常从容。

传说徐州之战结束后，曹操将刘备软禁在许昌。为了避免曹操的猜忌，刘备在自己居住的小院装聋作哑，韬光养晦。他整日在院中种植打理各种蔬菜，几乎连院子的门都不出。曹操见刘备如此，渐渐放下了防备刘备的心思，也逐渐放松了警惕。之后，刘备借口协助曹操镇压叛乱，借机逃走，并最终开创了自己的帝业。

在被曹操软禁的日子里，刘备为了显示自己无野心，生活很清苦，不得不长期吃自己种植的莱菔（白萝卜别称），久而久之，吃得生厌。为了调剂生活，保持心情顺畅和身体健康，他研究出了一种莱菔馅饼的制作方法：将莱菔洗净晾干后用野蜂蜜浸泡，再剁成细馅加进面饼里，然后用火烤制而成。烤熟后的面饼闻之香味扑鼻，食之满口生津，于是命名"蜜制莱菔饼"。就是这蜜制的莱菔面饼，陪伴刘备度过了一段不平凡的艰难日子。后来此饼做法流传到民间，名称也传成"秘制莱菔饼"了。

刘备秘制莱菔饼

（骆平 绘）

蒋学云

国家高级中式烹调技师（原特一级）、中国烹饪大师、四川川菜老师傅传统技艺研习会副会长。

代表菜品

波丝油糕、提丝发糕、豆芽包子、白蜂糕、红枣油花、芝麻鸭片、泡椒牛蛙、豆花鲜鱼、紫菜乌鱼片、泡椒仔鸡

　　蒋学云1957年参加工作，他的师父是著名的大刀蒸肉王唐绍文。1960年，蒋学云调入成都餐厅，得到川菜一代宗师孔道生的青睐，被收入门下，亲授红案和白案烹饪技术，成为其得意门生，并成为荣派川菜的第三代传人。1963年，他调至成都芙蓉餐厅，在这里一干就是十三年，其厨艺日趋炉火纯青。1976年他和师父孔道生一道被派往北京四川饭店教学，回蓉后主要从事烹饪技术教学。他是四川省首批特级厨师，1979年作为四川省政府川菜访问团专家组成员前往香港，参加川菜技艺表演及交流活动，是首批将川菜发扬光大的大师之一。1987年蒋学云公派美国荣乐园，在美国工作二十六年，直到2013年退休回国。

　　这道"秘制菜蒴饼"，是蒋学云大师的川式点心代表之作、匠心之作。在美国事厨的二十多年里，他高超的川菜烹饪技艺，特别是川式点心制作技艺，得到世界各地食客的高度赞誉。

秘制莱菔饼 咸鲜味

· 主料 ·　面粉、猪肉各 500 克，萝卜 1000 克

· 辅料 ·　熟火腿 60 克，芝麻 20 克

· 调料 ·　花椒粉 1 克，盐 5 克，葱花 25 克，化猪油 400 克

· 制作 ·

1. 猪肉切细末，火腿切细粒，萝卜去皮切成细丝，在沸水中焯一下后挤干水，抖散备用。

2. 锅中加入化猪油烧至五成热时，下猪肉末炒散，加盐炒匀起锅，与萝卜丝、火腿粒、葱花、花椒粉拌匀成馅心。

3. 面粉加化猪油揉成酥面，再用面粉、化猪油、清水调制成油水面。将油水面压扁，包入酥面擀成片，卷成圆筒形再分成 20 个剂子，将剂子从中切成两半，刀口向下拼合卷成圆形，再压扁成饼皮，包入馅心，封口压扁成圆饼，饼面放上芝麻。

4. 锅中下化猪油烧至五成热时，下饼坯微火慢炸，待浮起呈浅黄色即成。

· 特点 ·

酥纹清晰美观，馅心鲜香味美。

曹操鸡肋三宝

对酒当歌，人生几何？譬如朝露，去日苦多。

慨当以慷，忧思难忘。何以解忧，唯有杜康。

——三国·曹操《短歌行》

传说三国时候，曹操和刘备争夺汉中，僵持之间，战事逐渐对曹军不利：战不能赢，退被耻笑。这天，曹操正心焦之际，军中厨师端着一碗鸡汤走了进来，趁热喝完鸡汤后，碗底露出了鸡肋。此时心腹大将夏侯惇入帐请示当日夜间口令，于是曹操随口答道："鸡肋！鸡肋！"

夏侯惇回到军中后，传令"鸡肋"。军中主簿杨修听闻当夜口令居然是"鸡肋"，便命随行军士收拾行装，准备归程。夏侯惇闻讯非常吃惊，派人请杨修至帐中问道："公何收拾行装？"杨修说："以今夜号令，便知魏王不日将退兵归也，鸡肋者，食之无肉，弃之有味。今进不能胜，退恐人笑，在此无益，不如早归，来日魏王必班师矣。故先收拾行装，免得临行慌乱。"

听罢杨修一番话，夏侯惇亦收拾行装。于是军中将领，也纷纷效仿。当夜，曹操心乱无眠，在军中巡走，见许多将士都在准备行装。曹操大惊，急忙回帐召夏侯惇问其缘故。夏侯惇如实禀告后，曹操又召杨修核实，杨修便以鸡肋之意回答。曹操听罢大怒，以扰乱军心之罪，将杨修斩首。而不久后曹操果然退兵。

曹操杀杨修，"鸡肋"不过导火线而已。其实，鸡肋虽无肉，但辅以鸡胗、鸡肾、去骨之凤爪时，亦足成珍馐也，故名"鸡肋三宝"。

曹操鸡肋三宝

（黄小明 绘）

邓正庆

国家高级中式烹调技师（原特一级），首批注册资深级中国烹饪大师，国家职业竞赛 A 级裁判员，宜宾市餐饮烹饪行业协会常务会长。

代表菜品

荷塘鱼欢、稻香鸡、翡翠鱼蓉蛋、乡情红烧肉

邓正庆 1979 年入厨，1985 年拜宜宾烹坛老前辈曹祉清为师，不仅厨艺精进，且专注于菜品研发和创新，开始在宜宾餐饮界崭露头角，并逐渐成为行业优秀人才。2005 年荣获全国首批"中华金厨奖"，同年受中国烹饪协会邀请在香港中华厨艺学院进行交流表演活动。2007 年被省政府邀请到菲律宾参加"四川文化美食节"厨艺交流表演。2009 年受央视《天天饮食》邀请参加"名厨教做家乡菜"。2015 年参加法国巴黎国际美食节，进行川菜交流表演。2018 年带弟子在央视七台表演制作全竹宴，同年编写出版个人专著《烹艺人生》。他是宜宾市的第十一批优秀拔尖人才、第三届高技能人才培养先进个人、突出贡献技师，创办了宜宾市邓正庆烹饪技能大师工作室。

这道曹操鸡肋三宝，充分展示了邓正庆大师高超的刀工和川式小炒烹饪技艺，将川式白卤巧妙融入制作中，丰富了菜品口味，更令人回味，完美诠释了故事意境。

鸡肋三宝 泡椒风味

· 主料 · 鸡肋 3 片，鸡肫 3 个，鸡肾 3 对，去骨土鸡爪 2 个

· 辅料 · 鸡蛋清、泡椒、泡姜、泡豇豆各 20 克，泡蒜 22 克，泡小米椒 10 克，泡青菜、芹菜各 15 克，卤水 500 克

· 调料 · 盐、酱油各 5 克，料酒 10 克，胡椒粉 3 克，红苕淀粉 15 克，菜籽油 150 克

注：红苕淀粉即红薯淀粉，四川当地将红薯称为红苕。

· 制作 ·

1. 将鸡肋汆水后卤熟，码蛋清、红苕淀粉后，入油锅炸熟放入盘中。

2. 鸡胗切花，鸡肾片几刀，鸡爪卤熟后改刀待用。用酱油、料酒加红苕淀粉调成芡汁。

3. 将泡椒、泡豇豆、泡小米椒、芹菜均切段，泡姜、泡蒜均切片，泡青菜切末备用。

4. 鸡肾下开水锅略烫后捞起。鸡胗用盐、胡椒粉、酱油、料酒、红苕淀粉码匀，热锅冷油下鸡胗炒散，下各种泡菜翻炒几下，再下鸡肾、鸡爪，烹入芡汁，收汁味浓后加入芹菜段炒匀起锅，放在盘内的鸡肋之上即成。

· 制作心得 ·

鸡胗在去皮后切花刀需适中，过细易脱水导致口感发柴；炒制前需用清水漂净鸡胗的血水；采用低油温烹饪，口感色泽俱佳。处理鸡肾时不能破坏其外表的那层膜，否则不成形，汆水至熟再剖开切成花刀，在成菜前入锅。鸡爪和鸡肋提前卤制入味，鸡肋炸制酥脆后垫底。

关云长水淹七军

跃马斩将万众中，侯印赐金还自封。

横刀拜书去曹公，千古凛凛国士风。

——元·郝经《重建庙记》

三国时期，魏蜀吴之间相互征战，年年不休。公元 219 年，魏蜀交兵，蜀汉大将关云长率领大军自荆州北上，征伐魏国，魏国派遣大将于禁率领大军在襄阳、樊城一线抵抗。由于于禁指挥得当，魏军顽强坚守，致使关云长久攻不下，眼看魏国援军即将到来，蜀军面临被魏军内外夹击的不利局面。

一日，关云长骑马沿着襄樊城墙观察敌情，他忽然发现，襄江距离襄阳、樊城很近，且这两座城池的地势比较低洼，于是心生一计，决定采用水攻。他趁着秋雨绵绵河水暴涨之际，在一个没有月亮的黑夜，下令让蜀国的士兵悄悄掘开了襄江，引襄江之水，将于禁防守的襄阳、樊城一带淹成泽国。不久，高大的城墙被洪水泡塌，关云长乘机率领大军攻入城内。可怜于禁的十万大军不是葬身鱼腹，就是被蜀军杀死。城里白浪滔天，平地一片汪洋。据民间传说，魏国七军通通变成了鱼、虾、鳖等水族。

此战之后，因为河流改道，河、湖汇合，当地的鱼、虾、蟹等河鲜异常丰富，不仅数量很多，而且味道独特、鲜美，成为当地特色风味。今用其传闻，取川菜中红汤鱼之做法，烹七种河鲜，名之"水淹七军"。

关云长水淹七军

（杨春 绘）

朱建忠

国家高级中式烹调技师（原特二级），中国烹饪名师，中国饭店协会青年名厨委副主席。

代表菜品

大千干烧鱼、老坛柠檬酸菜鱼、芝麻水煮鱼

朱建忠师承中国饭店协会名厨委主席、京菜大师、中国烹饪大师石万荣先生，中国烹饪大师、川菜大师、川菜儒厨舒国重先生。其个人专著有《川味河鲜料理事典》（繁体版、简体版）《经典川菜》《重口味川菜》《玩转辣椒》。他在成都享有"河鲜王"的美称。

这道"水淹七军"，朱建忠精选七样河鲜制作而成。材料或细嫩、或绵软、或筋道，融入红汤，各擅胜场，淋漓尽致！成菜色泽红亮、麻辣鲜香、肉质细嫩爽口，不负一代"河鲜王"美名。

关云长水淹七军

· **主料** · 小龙虾、鲫鱼、黄辣丁各 200 克，泥鳅、田螺各 150 克，鳝鱼 100 克，河蚌 500 克

· **辅料** · 老坛酸菜片 70 克，泡二荆条辣椒末 75 克，香芹段 50 克，小葱段 40 克

· **调料** · 大红袍火锅底料 75 克，花椒 3 克，干辣椒 20 克，泡姜末 80 克，姜末、蒜末各 50 克，香油 15 克，花椒油 10 克，菜籽油 300 克，盐 5 克，白糖 3 克，胡椒粉 2 克，料酒 25 克，醋 10 克

· **制作** ·

1. 将主料治净备用。香芹段垫碗底。

2. 锅入菜籽油烧至六成热，下酸菜片、泡二荆条辣椒末、泡姜末、姜末、蒜末炒香出色，再下大红袍火锅底料、花椒炒香后加入清水烧沸，转成小火熬煮 3 分钟，放盐、白糖、胡椒粉、料酒、醋调味。先放入田螺、泥鳅小火烧 5 分钟，再将小龙虾、鲫鱼、鳝鱼、黄辣丁、河蚌入锅烧熟入味，出锅盛于香芹碗中。

3. 另置锅入菜籽油、香油、花椒油烧至七成热时，下入花椒、干辣椒炒香变色，出锅淋在碗中，点缀小葱段即成。

· 制作心得 ·

用大火将酸菜、泡椒炒至断生，油脂红亮飘香后才能加水或汤。原料入锅的先后需根据原材料的质地老嫩烹煮，不能一并入锅，否则成菜嫩度不一样而达不到理想的口感。在烧煮时，先大火烧沸再用小火慢慢煨，以保持原材料的外形完整。注意炝油的温度，过高易将辣椒、花椒炸煳，味发苦影响成菜口感；过低逼不出辣椒、花椒的香味，达不到炝油的效果。

武侯军粮

丞相祠堂何处寻，锦官城外柏森森。

映阶碧草自春色，隔叶黄鹂空好音。

三顾频烦天下计，两朝开济老臣心。

出师未捷身先死，长使英雄泪满襟。

——唐·杜甫《蜀相》

刘备去世后，为了完成先帝遗志，蜀汉丞相诸葛亮率兵北伐曹魏，最著名的军事行动就是"六出祁山"。

战争，其实打的是后勤，打的是粮草，蜀道艰险，部队行程极其艰难，埋锅造饭更是不便，这让蜀军的后勤压力变得十分巨大，很长一段时间，诸葛亮都为此事忧心忡忡。一个闷热的午后，他叫来军中庖官，命令其尽快想出办法解决军中用粮问题，而且军粮的储备时间越长越好。

庖官回到账中唉声叹气间，其手下领一老者进来，说有一包东西要送给丞相。庖官打开一看，是一大块黑黑的半干牛肉。老者说，最近天气炎热难当，担心诸葛亮丞相无胃口，特给丞相送来当地的一种特色食物。

老者走后，庖官撕下一小块肉放到嘴里品尝，虽然肉看起来是干的，撕起来却很容易，嚼起来也很好嚼，还有一种特殊的香味让人一尝难忘。

庖官大喜，心想：这不就是丞相想要的军备粮吗？！于是赶紧命人将老者传至军中，指导制作牛肉干。为了配合军中战备需求，还特别增加了花椒、食茱萸、胡椒等调味料卤制。制好后的牛肉既干又韧，有嚼劲，味道浓香微辣，保存时间更久，从此命名为"武侯军粮"。

武侯军粮

（周敏　绘）

蒋文

成都市餐饮名店盘飧市传统卤菜技艺第三代非物质文化遗产传承人。

盘飧市的代表菜品

卤菜拼盘、开水白菜、花椒兔、干烧鱼、锅巴肉片、石锅肥肠

　　蒋文 1987 年进入成都市饮食公司，被分配到盘飧市工作。因为工作踏实刻苦，公司安排其师从盘飧市传统卤菜技艺第二代传承人陈道发，学习传统卤菜技艺。师父领进门，学习靠个人，蒋文对自己的学艺经历刻骨铭心。"如果没有师父的严厉和这些历练，也许就没有我今天的这点成绩吧。"蒋文这般回忆总结道。宝剑锋从磨砺出，梅花香自苦寒来。三十年后的 2017 年，蒋文终成盘飧市传统卤菜技艺第三代非物质文化遗产传承人。

　　蒋文用他最为擅长的传统卤菜技艺来制作这道"武侯军粮"。采用传统川卤与广卤结合的制作方法，成菜后五香味浓郁，咸鲜微辣。牛肉干香味浓，与平常的卤牛肉相比较，更可口更有嚼劲，充饥下酒均佳，品味畅饮间仿佛穿越三国蜀地，令人神往。

武侯军粮 五香味

- **·主料·**　黄牛肉 1000 克
- **·辅料·**　冰糖 10 克，骨头汤 500 克，白酒 50 克
- **·调料·**　花椒、胡椒各 15 克，香料包（八角 6 克，沙姜、草果、小茴香、桂皮、豆蔻、丁香、砂仁各 3 克），盐 2 克，干辣椒 20 克，料酒、姜、葱各 10 克

1. 将冰糖炒成糖色后下入骨头汤，将盐、料酒和香料包放入锅中，小火熬2小时制成卤水。

2. 牛肉清洗后下开水锅汆净血水，加盐、料酒、姜、葱、花椒、胡椒腌制4~5小时。

3. 锅中放清水，将腌制好的牛肉下入锅中，加花椒、胡椒、姜、葱、白酒煮至五成熟后捞起，再下入卤锅，大火烧开后调至小火煮3小时，捞出晾凉即成。

· 制作心得 ·

卤煮时应注意干湿适中，不能过于湿软，否则会影响口感，且不利于携带。

诸葛馒头

能攻心则反侧自消，从古知兵非好战；

不审势即宽严皆误，后来治蜀要深思。

——清·赵藩

诸葛亮南征平叛，采用"攻心为上，攻城为下"的战术，七擒孟获，令其臣服，随后率领大军北返回蜀。

大军来到金沙江边，准备渡河时，河面狂风骤起，白浪滔天，连续几日不停，诸葛亮知道事情有蹊跷，打探缘由后得知：传说此地江底有恶龙作祟，人少时悄悄过江无妨，像这样数万大军过江，会惊动恶龙作祟。据说解决的唯一办法，是用人头祭祀江中恶龙，大军方可安然渡江。诸葛亮听罢说道："我蜀国以仁义得天下，以仁义治天下，今岂有为了过江而将人像猪牛一般捉来祭祀恶龙之理？"

回到军中，诸葛亮端坐在大帐内苦思过江之策，茶饭不思。负责丞相伙食的士兵将热了几道的面食上笼屉蒸熟后，端到丞相面前。诸葛亮看着盘中的面食突然有了主意。他令火头军杀牛宰羊作馅，做成人头形状的面馍后上笼屉蒸熟。

次日一早，诸葛亮下令全军集结，准备过江。他先命士兵将昨晚蒸好的人头形面馍抛入江中，再拿出已经写好的祭文，对着大江，开始祭祀水中的龙族。之后蜀国大军平平安安渡过了金沙江，回到了蜀汉地界。

诸葛丞相以慈悲之心，行仁义之事，以面食代替人头进行祭祀，于是人们将这种面食称作"蛮头"，因历史上"蛮"这个称谓有不敬之意，后来人们便取其谐音，将这种面馍称为"馒头"。

诸葛馒头

（邱莉雅 绘）

魏家荣

国家高级中式烹调技师（原特三级），老成都"魏包子"传人。

老成都"魏包子"创始人魏兴顺，早年在成都海会寺街上开了一家名为海会寺大包的包子店。店里售卖各种馅料的包子，最有名的是鲜肉包子和红糖包子，因包子大、馅多皮软，加之店主姓魏，因此又被称为"魏包子"。1958年公私合营后，魏兴顺开始在成都市饮食公司上班。1972年，魏兴顺到了退休年龄，于是让小儿子魏家荣顶班进入成都市饮食公司，而魏兴顺凭借一手做包子手艺，被公司返聘，从此魏家荣在竹林小餐开始跟随父亲学做包子。三年后，魏家荣学成出师，开始在小香小吃店做包子，店中白案独当一面。魏家荣先后在成都盘飧市、山西太原天香楼酒家、北京华远豆花庄做包子。1991年后逐步转至餐厅管理工作，直至2015年退休。

魏家荣将其家传包子的做法运用于此，制成这道诸葛馒头，让我们有幸领略老成都魏包子的古朴制作工艺，品味老成都的味道，在三国故里，怀念蜀相诸葛亮。

诸葛馒头 咸 鲜 味

· 主料 · 猪五花肉、面粉各500克

· 辅料 · 干香菇150克，姜20克，小葱50克，酵面200克，鲜汤100克

· 调料 · 盐、白糖各5克，中坝口蘑酱油、料酒各10克，化猪油12克，胡椒面、小苏打各3克

1. 酵面加入热水、面粉和匀，发酵备用；将干香菇发好，切小丁，姜、小葱切末备用。
2. 取一半猪五花肉切成粗条，炒锅加化猪油烧热后放入肉条炒熟，再加入鲜汤、姜末、小葱末，调入胡椒面、酱油、料酒、盐煮入味后捞出，将肉条剁成肉丁备用。
3. 将余下的猪五花肉剁细，加鲜汤和匀，再加入肉丁、香菇丁、姜末、小葱末拌匀成馅心。
4. 将发好的面加入小苏打、白糖、化猪油揉匀，下成面皮坯包入肉馅。大火蒸10分钟即成。

· 特点 ·

包子面皮柔软，馅心鲜香滋润。

诸葛亮舌战群儒

早岁那知世事艰，中原北望气如山。

楼船夜雪瓜洲渡，铁马秋风大散关。

塞上长城空自许，镜中衰鬓已先斑。

出师一表真名世，千载谁堪伯仲间！

——宋·陆游《书愤五首·其一》

东汉末期，曹操挟天子以令诸侯，面对长期与其对抗的刘备、孙权势力，他想出"联孙灭刘"之计，派人送书东吴。孙权手下的谋士大都主张降曹自保，只有鲁肃主张联刘抗曹，鲁肃自知无力说服孙权，于是特请诸葛亮来当说客。

见面会上，东吴第一大谋士张昭首先发难："听说刘备三顾茅庐请你出山，想你助他取荆襄九郡做根据地。如今荆襄已被曹操取得，你该咋办？"诸葛亮回道："刘备若想取荆襄，易如反掌！只是不忍心夺取同宗的基业，才被曹操捡了便宜。现在屯兵江夏，另有宏图大计，燕雀安知鸿鹄之志！"紧接着又一谋士发难："今曹公兵屯百万，将列千员，龙骧虎视，平吞江夏，公以为何如？"诸葛亮叹道："东吴兵精粮足，还有长江天险可守，你等却都劝孙权降曹，不顾天下耻笑，看来，还是刘备真不惧操贼矣！"最终诸葛亮以其超人的胆识"舌战群儒"，并说服孙权共抗曹操。

四川是蜀国故地，"舌战群儒"的故事老少皆知，蜀地百姓常常津津乐道。已故四川烹饪学专家熊四智教授，曾经用他渊博的川菜烹饪学识，取"舌战群儒"之意境，运用鸭舌、甲鱼裙边等食材，研发了"舌战群儒"这道菜，以表达对这位蜀国丞相的敬意。

诸葛亮舌战群儒

（胡琳 绘）

刁其森

国家中式烹调高级技师，注册中国烹饪大师，川菜烹饪大师，锦江宾馆餐饮部行政副总厨，四川旅投餐饮管理有限公司厨政部部长。

代表菜品

一品菌香珍、魔芋鲍脯卷、舌战群儒

　　刁其森 1984 年从四川烹饪饮食技工学校毕业后分配到锦江宾馆，在那里工作至今，已从事烹饪工作三十七年。他的烹饪操作稳重流畅、细致规范，极具大师风范。作为锦江宾馆的副总厨，他曾先后为很多国家元首、政府首脑事厨。他在全国第三届烹饪大赛团体比赛中获得银奖，在第四届烹饪大赛中荣获团体金牌，在四川省第二届烹饪技术比赛中获得热菜单项铜奖，他是"四川省技术能手"，曾五次带队参加全国、省级的专业烹饪大赛获得团体金奖、特金奖。2015 年，他研发的菜品"一品菌香珍"取得了单一菜品年销售达五百多万元的佳绩，是当年四川省单个菜品销量冠军。同年 12 月荣获省总工会、省科技厅颁发的四川省"职工技术创新成果优秀奖"。

　　刁其森在构思烹制此菜时，选用了鸭舌和甲鱼裙边作为主材，运用川菜独有的家常干烧技法制作，使其既巧妙地贴合菜名，又展现了川菜的独特魅力。他还特别选择了现在很少见、厨师也很少使用的诸葛菜贴合主题，锦上添花。成菜舌硬而裙边软糯，意为诸葛三寸之舌胜儒多矣！

诸葛亮舌战群儒 家常味

- **·主料·** 甲鱼裙边 250 克，鸭舌 400 克，诸葛菜 300 克
- **·辅料·** 南瓜面皮、笋粒、口蘑粒各 100 克，瓢儿白 6 颗，胡萝卜丝 6 根，五花肉粒 200 克，鲜汤 200 克
- **·调料·** 豆瓣酱 30 克，泡椒段、葱段各 8 段，姜片、盐各 20 克，菜籽油 150 克

·制作·

1. 事先将甲鱼裙边泡发，鸭舌洗净白卤后备用。

2. 诸葛菜洗净焯水，用冷水浸泡后捞出，再剁碎，加盐调成馅料，包于南瓜皮中，成诸葛菜南瓜饺。瓢儿白改刀，根部插入胡萝卜丝做成鹦鹉形。

3. 五花肉粒、笋粒、口蘑粒先过水，再放入菜籽油锅中煸至干香，成家常料头，备用。将泡椒段、姜片、葱段、豆瓣酱炒香后加鲜汤，调入盐后成家常汁。

4. 裙边、鸭舌加入家常料头，倒入家常汁，烧至软糯入味；诸葛菜南瓜饺上笼蒸3分钟；将鹦鹉形的菜焯水备用。

5. 将烧好的裙边、鸭舌装碗定型，翻扣于盘中。鹦鹉形的菜和诸葛菜南瓜饺打底围边，摆上盘饰即成。

·特点·

菜品装盘搭配诸葛亮的面塑点明主题。菜品的原材料丰富，充分体现川菜取材广泛、味型多变的特点；烹饪方式则运用川菜独有的家常干烧技法，使主料饱满光亮、入口软糯、味道浓郁。

注：诸葛菜又名"二月兰"，在使用制作时需先把嫩茎叶焯水再放在凉开水中浸泡，直至无苦味时才可食用。南瓜面皮即事先用南瓜汁与面粉揉制的面皮。

郭璞七星鱼

云有古郭生，此地苦笺注。

区区辨虫鱼，尔雅细分缕。

——宋·苏辙《初发嘉州》

《尔雅》是我国最早的词典，而《山海经》是我国最早的地理著作，因为文字古朴，能看懂的人极少，直到郭璞出现，才将它们解读出来。

郭璞是东晋时期最著名的古汉语文字学专家，风水学的开山鼻祖。相传，郭璞曾经入川注《尔雅》，乐山尔雅台至今残存于乌尤山上。尔雅台始建于何时，早已无从查考，但此台因郭璞注《尔雅》而来则是延续千年的说法。以至于苏东坡的弟弟苏辙也曾经作《初发嘉州》一诗记录郭璞在嘉州注《尔雅》一事。

有人说，《山海经》是中国最早的一本吃货指南，还有好事者统计，整本书中提到"食者、食之"近百次，说得通俗一点就是"吃"。《尔雅》里丰富的鱼类也令人叹为观止。郭璞因注释《山海经》《尔雅》，自然在这些极品吃货心中拥有着殿堂级的地位。识得世间奇珍异物的郭璞，也留下了许多奇闻轶事。

相传，一日郭璞路过某地，见渔夫因为不识物而准备将一尾奇特的鱼抛于河流中，仔细查看后，郭璞大惊道："此七星鱼也，背有七星纹，暗合天上北斗七星之数，乃不可多得之珍品。"郭璞把鱼的做法详解之后，不受渔夫之礼，飘然而去。

得郭璞口授真传，渔夫将鱼宰杀后依法炮制。成菜香飘数里，四邻皆围上船来一探究竟。因此鱼是郭璞识之授之，故名"郭璞七星鱼"。

郭璞七星鱼

（郭睿聃 绘）

陈波

注册中国烹饪大师，餐饮业国家级评委，中国烹饪协会名厨专委会四川区主任。

代表菜品

红宫焖肉、蜂窝玉米、火焰玉带、苹果鸡丁、花篮花菇虾、腐衣银鳕鱼

陈波，四川成都人，川菜大师，师从中国烹饪大师、川菜泰斗史正良先生，精于川、粤菜系和川点等烹饪制作。从厨三十多年，不仅用心制作菜肴，同时还特别注重烹饪理论的研究，善于传承与创新，形成了独特的"新派川菜"和"藏式民族菜"的风格。编著出版《中国烹饪大师作品精粹——陈波专辑》《家常风味菜》《百变家常菜》《养生鲜粥》《营养素菜》《小炒精选》《家禽风味鸡》《中国烹饪大师川菜经典集萃》等图书，其个人代表菜品及青稞雪花牛粒、鱼香玉米糕、藏烤羊排、玉米小鸡分别荣获中国名菜和四川名菜称号。

七星鱼，四川民间俗称土凤。陈波大师制作的这道"郭璞七星鱼"，选材精准，寓意深远。他根据食材特点运用川式红汤烹制手法制作。成菜火候拿捏恰到好处，鱼肉滑嫩有形，豆腐味浓鲜美，交相辉映，七星闪耀。

郭璞七星鱼 麻辣味

·主料· 七星鱼 500 克

·辅料· 芹菜 50 克，豆腐 100 克，姜 20 克，青蒜苗、大蒜各 30 克，高汤 1000 克

·调料· 大红袍火锅底料 50 克，郫县豆瓣 40 克，海椒面 20 克，花椒面 5 克，胡椒粉 3 克，盐 10 克，料酒 50 克，菜籽油 200 克

·制作·

1. 将七星鱼宰杀洗净，加料酒码味待用。

2. 豆腐切成大一字条，芹菜、青蒜苗切成段，放入深盘中垫底。姜、蒜剁成米粒。

3. 锅里放菜籽油，油温升至 200℃，放入郫县豆瓣、大红袍火锅底料，再放入姜米粒、蒜米粒炒至酥香，加入高汤。

4. 将七星鱼下锅烧至六成熟后放入豆腐，调入盐、胡椒粉后倒入深盘中。

5. 花椒面、海椒面依次放在烧好的七星鱼上，锅里放菜籽油烧热，油温升至 240℃后淋在鱼上面即成。

·制作心得·

七星鱼腥味较重，一定要先进行码味去腥处理；七星鱼下锅后火不能大，否则鱼会烧烂而不美观；上卓后一定要保持些菜温度。

陈子昂古琴鱼韵

前不见古人，后不见来者。

念天地之悠悠，独怆然而涕下！

——唐·陈子昂《登幽州台歌》

这首千古绝唱《登幽州台歌》的作者，便是四川射洪人、初唐诗人陈子昂。

陈子昂自小家境优裕，虽天资聪颖，却不爱读书，喜欢舞刀弄枪。17岁时，他击剑伤人后，幡然醒悟，从此弃武从文，不几年便学涉百家，学识不在其父之下。于是陈父送儿子北上长安入国子监学习，参加科举考试，不料落第，于是还乡回到故里金华山继续研读。永淳元年（公元682年），学有所成的陈子昂带着自己的所有文章再次入京应试，再次落第。

一日，心灰意冷的陈子昂看到有人在街上卖胡琴，索价奇高。陈子昂挤进人群，出高价买下胡琴。怀抱着花重金购得的琴，他告诉好奇围观的人们，明日将在长安城他租住的家中，为大家抚琴吟唱。

第二天，陈子昂家中高朋满座，他捧着琴感叹道："蜀人陈子昂，写有文章无数，却不为人知。这乐器本为乐工所用，我乃做文之人，买来有何用！"说罢，用力一摔，千金之琴顿时粉碎。随即，他拿出自己的诗文，分赠众人。惊诧之余人们争相传看，一日之内，陈子昂便名满京城。据说时任京兆司功的王适读后，当即预言："此人必为海内文宗矣！"陈子昂一"摔"成名。

"古琴鱼韵"这道菜借古琴故事的寓意缅怀一代文宗陈子昂。这正是："怒摔胡琴文章传，子昂不在谁能弹。"

陈子昂古琴鱼韵

（严世全 绘）

李雪冬

国家中式烹调高级技师，中国烹饪大师，中华金厨奖荣获者，
四川明宇酒店集团厨政总监兼明宇尚雅饭店行政总厨。

代表菜品

四味冷吃波士顿龙虾、小资雪花牛肉、火焰盐焗响螺、米椒
跳跳蛙、姜汁飘雪芦笋

　　李雪冬从厨二十多年，主攻川菜，精通分子料理、融合创意菜及中国意境菜，旁通粤菜、湘菜、陕菜及赣菜。作为年轻一代厨师和厨政管理者，他擅长厨房标准化、数据化及创新管理，尤其善于6S厨房现场管理，注重品质与经营业绩的同步提升。他秉承"学厨先立德，做菜先做人"的理念，坚持烹调技术的研究和探索，努力学习文化知识与旅游饭店经营管理理论，丰富完善自己的文化和职业素养，刻苦钻研烹饪技术，敢于创新和攀登，技术精益求精。李雪冬遵循"以人为本"的原则，从厨至今创新菜品五十多种，是川菜年轻厨师的榜样，并获得"中国青年烹饪艺术家"殊荣，是世界烹饪联合会国际中餐名厨专业委员。

　　李雪冬运用传统川菜烹饪技艺制作的这道"陈子昂古琴鱼韵"，菜品配以清心别致的造型，似珠玉落盘，闻琴声悠悠，画面感十足，栩栩如生，生动地诠释了陈子昂一摔成名、鱼跃龙门的故事意境。

陈子昂古琴鱼韵 鱼香味

- **主料** · 冻黄鱼1条，鸡蛋1枚，淀粉150克，面粉50克
- **辅料** · 葱花25克，姜米15克，蒜米20克，冬瓜100克，西瓜球、哈密瓜球、火龙果球各10克，墨鱼汁5克，清鸡糁50克
- **调料** · 泡椒酱、醋各30克，中坝口蘑酱油10克，盐、白胡椒粉各6克，白糖、料酒各20克，菜籽油100克

· 制作 ·

1. 黄鱼解冻治净，用刀沿着鱼背两面隔3厘米处切一刀，每面各6刀，待用。

2. 用盐、白胡椒粉、料酒把鱼略腌；另取一碗，将酱油、醋、糖、料酒、白胡椒粉、淀粉对成滋汁备用。

3. 将鸡蛋、盐、淀粉、面粉加入适量水、菜籽油调成糊，均匀抹在腌好的鱼身上待用。

4. 在盘中用毛笔蘸墨鱼汁书写诗句，将冬瓜雕刻成古琴形，再用清鸡糁包裹蒸制后摆盘。

5. 锅内加菜籽油烧至六成热，将鱼放入油锅中炸成形（鱼跃龙门形）至酥脆、呈金黄色，捞出放入盘中待用。

6. 炒锅内留热油，放入泡椒酱、姜米、蒜米、葱花爆香，倒入备好的滋汁勾成鱼香汁，起锅浇在鱼身上，最后用提前备好的西瓜球、哈密瓜球、火龙果球点缀即成。

· 制作心得 ·

腌鱼底味要足，做到咸淡适中；鱼香味的调料比例要精准；炸制鱼时要注意定型，以"鱼跃龙门"形为佳。

注：清鸡糁是用清水、鸡蛋清、水淀粉、盐搅拌而成的糊状物。

太白酱肉

烹羊宰牛且为乐，会须一饮三百杯。

岑夫子，丹丘生，将进酒，君莫停。

——唐·李白《将进酒》

被誉为"诗仙"的李白，字太白，四川江油人，五岁发蒙读书，二十四岁"仗剑去国，辞亲远游"，成为唐代家喻户晓的浪漫主义诗人之一，与杜甫并称为"李杜"。

传说李白七岁时，李父要给儿子起个正式的名字。一日在庭院散步，他想考考儿子作诗的能力，看着春日院落中葱翠树木，似锦繁花，父亲率先吟道："春国送暖百花开，迎春绽金它先来。"母亲接着道："火烧叶林红霞落。"李白走到正在盛开的李树花前，稍稍想了一下说："李花怒放一树白。"于是父亲决定把妙句的头尾"李""白"二字选作孩子的名字。

传说李白离开故乡后几乎不再吃猪肉，因为"再也没有家乡的味道"。在这位诗人心中，"茶酒浸淫味方好，罡风吹透肉才香"的四川风剑酱肉，才是家乡的味道，是萦绕的乡愁。

据传，风剑酱肉须精选深山土猪宰杀，经取材、整形、漂洗、晾干、余水、搓净、裹酱、闷缸、醋雾、风干、茶浸、酒追、抹料、风剑（风吹）、下醪、日晒等十七道工序而成。

完成后的风剑酱肉，可煮、可蒸、可焖、可煨、可炒，色泽纯正，口感殊胜，其味香醇，佐酒下饭皆宜。后来，人们就将源自诗仙李白家乡的四川风剑酱肉取名为"太白酱肉"。

太白酱肉

（孙健 绘）

缪青元

国家高级中式烹调技师（原特一级），注册中国烹饪大师，四川川菜老师傅传统技艺研习会会长，青龙正街饭店总经理。

代表菜品

脆皮鱼、红烧什景、芙蓉鸡片、太白酱肉

作为一名荣乐园厨师，缪青元师从川菜大师曾国华，长于红案。缪青元最著名的菜品当属"脆熏卤鸭"，1992年获得"成都市名小吃"的称号，2017年获"四川名小吃"称号，是其青龙正街饭店的镇店之菜，在他的店中，人们可以品尝到正宗、纯朴的老川菜，找到老成都的味道。缪青元的代表菜品脆皮鱼、红烧什锦、芙蓉鸡片、太白酱肉，得到行业内人士的高度评价，特别是太白酱肉，获得同行广泛赞誉，并被《中国大厨》杂志收入专辑。如今缪青元虽已退居二线，但他依然活跃在川菜领域，并带领川菜老师傅传统技艺研习会的会员们，为继承发扬川菜事业贡献着自己的力量。

酱肉源自太白传，佳肴出于大师手。这道太白酱肉晶莹剔透，入口生津，是缪青元大师的杰作，也是传统川菜之瑰宝，并将伴随着诗仙李白的美名流传千古。

太白酱肉 酱香味

· 主料 ·　猪腿肉 500 克

· 辅料 ·　白酒、醪糟各 10 克

· 调料 ·　天车甜面酱 100 克，白糖、盐各 10 克，胡椒面、花椒粉各 5 克，八角粉 5 克，茴香粉、沙姜粉各 3 克

· 制作 ·

1. 将猪腿肉切成肉块，将八角粉、茴香粉、沙姜粉、盐、白酒和匀后均匀地抹在肉块上码味，放入缸中。

2. 腌制48小时后出缸，将腌肉挂起晾干水分。

3. 在天车甜面酱中加入胡椒面、花椒粉、八角粉、茴香粉调制成酱料，与醪糟一起均匀抹在肉块上后挂起晾干，如此反复数次，直到肉变干出香味即成。

· 特点 ·

酱香味浓，肉色泽红亮，呈枣红色。

薛涛胭脂兔

花开不同赏，花落不同悲。

欲问相思处，花开花落时。

——唐·薛涛《春望词》

薛涛祖籍陕西西安，少时随父入川定居成都。薛涛聪明早慧，很小就表现出诗歌创作天赋。一次她和父亲在院中散步，父亲指着院中的一棵梧桐树道："庭除一古桐，耸干入云中。"薛涛应声续道："枝迎南北鸟，叶送往来风。"这两句诗对仗工整，充分显示了少年薛涛的才艺。

韦皋调任剑南西川节度使时，听说薛涛的才名以后便把她招进府里。从此，韦府一有盛大宴席就会请薛涛前往，饮酒赋诗，极尽风雅。唐代大诗人元稹在成都期间，时常往来于韦府。他发现薛涛文章出类拔萃，十分仰慕薛涛才情，一次席间借酒意朦胧，写下这首《寄赠薛涛》诗：

锦江滑腻蛾眉秀，幻出文君与薛涛。

言语巧偷鹦鹉舌，文章分得凤凰毛。

能得到元稹的当众妙赞，令薛涛欣喜不已，两人相互倾慕，并最终相恋，虽然时间短暂，却也留下了美好传说。一日晨，元稹问薛涛："你面如桃花，色似胭脂，然何？"薛涛笑答："不抹胭脂自来红，只因常吃胭脂兔。"原来薛涛在韦府伺酒时，一道兔肉菜肴美味难忘，回到家中，薛涛尝试着做了出来，因成菜后兔肉颜色似胭脂般粉润，薛涛便称之"胭脂兔"，并时常用此菜宴请宾客。后来元稹寿诞之日，薛涛亲自下厨，做了一道"胭脂兔"为元稹祝寿。

薛涛胭脂兔

（吕俊 绘）

谭加

国家高级中式烹调技师（原特一级），中国烹饪大师，川菜烹饪
大师。

代表菜品

熊猫醉水、中翅瓢辽参、珧柱鹦鹉菜包、干烧岩鲤、云腿芙
蓉鸡片、开水鸡丝燕、金玉双味鱼、陈皮兔丁、口蘑鱼豆花、
三鲜口袋豆腐、蟹油三色吉庆、金凤来巢

　　谭加 1980 年进入四川锦江宾馆工作，主攻墩子切配，红锅煎炒蒸炖焖，以及凉菜拼
盘。1982 年底，刚刚学徒期满的他，就被川菜一代宗师张德善收归门下，成为其关门弟子。
他跟随师父学习传统川菜技艺、官府菜技艺，并练得一身烹饪绝技，其快速剔兔子全骨功夫，
至今无人能及。他擅长大型国宴并执灶元首主桌，是为数不多深得张大师技艺真传的弟子
之一。他还协助师父对部分失传的川菜传统菜品进行挖掘、整理和文字修复。2000 年后，
怀揣川菜梦想的谭加奔走于海内外宾馆酒店，致力于推广教习传统川菜之精髓，乐在其中。

　　谭加在制作这道"薛涛胭脂兔"时，运用整兔脱骨的绝技，令兔
肉更滑嫩可口，香辣入味，成菜雅致，活色生香！

薛涛胭脂兔 家常泡椒味

- **主料·** 鲜仔兔一只
- **辅料·** 泡椒、泡子姜、淀粉、大葱各 100 克，老姜、香菜、香芹、菜籽油、猪油
  各 50 克，独头蒜 150 克，鸡蛋清 1 个，高汤 200 克
- **调料·** 大红袍火锅底料、郫县豆瓣酱、料酒各 50 克，盐 2 克，胡椒粉、八角、
  沙姜、大小茴香、草果各 1 克，白糖、红腐乳各 20 克

·制作·

1. 鲜仔兔整体脱骨去筋，改刀成六分块，备用。

2. 泡子姜、老姜均切片，大葱、泡椒、香芹均切段备用。

3. 兔块入盆，放入料酒、老姜片、葱段、盐、胡椒粉码匀腌制15分钟，再将鸡蛋清、淀粉入盆码匀。

4. 炒锅放清水烧沸，加入少许猪油，下入码好的兔块余水，兔块定型后捞起备用。

5. 炒锅内下入菜籽油、猪油烧至五成热时下入郫县豆瓣酱、大红袍火锅底料、老姜片、葱段、独头蒜、八角、沙姜、大小茴香、草果、红腐乳翻炒至出香味，

加入高汤、白糖文火微烧后起锅，滤尽余渣。

6. 炒锅下入少许菜籽油、猪油，下泡椒段、泡子姜片、葱段翻炒出香味，下入兔块、香芹段和过滤后的汤汁，烧至汤汁微浓，起锅盛入钵中，点缀香菜即成。

·制作心得·

要严格控制各种香料用量，香料须采用高油温炒过后方可使用，以求芳香而无生硬之味。腐乳以炒至酥、散、化为准，能够除去兔子的腥味，也使其味道更加浓郁。

元稹灯影牛肉

曾经沧海难为水，除却巫山不是云。

取次花丛懒回顾，半缘修道半缘君。

——唐·元稹《离思五首·其四》

这首著名的悼亡妻诗，便是出自唐朝著名诗人、文学家元稹笔下。元稹才华出众、性格豪爽。然而他的直言不讳却不为朝廷所容，仕途坎坷，曾经四次被贬。

相传元稹在通州（今四川达州）任司马时，常常到司马府附近一家酒馆小酌，时间一长，只要元稹来，不用点，店家就会端上简朴酒菜。

一天，元稹正吃喝着，店掌柜来到他面前，低声说道："元大人，小店最近新做了一道下酒菜，想请您品尝品尝，您看如何？"听店家这么一问，元稹明白了店家其实早就知道他的身份，却从来没有打扰过他。如今让他品菜，却也不便拒绝，于是点头同意。店家欣喜之余忙将菜品端上，元稹一看，盘中肉片色泽油润红亮，入口后牛肉味浓且鲜香无比，质地柔韧，令人回味。看到元稹赞赏的表情，店家赶紧说道："还有劳元大人为此菜命名。"

元稹仔细观察发现，成菜牛肉片虽较大，却薄如蝉翼，夹起一片，在灯的照射下红色牛肉的丝丝纹理居然在墙壁上显出清晰的影像来，煞是好看，像极了当时长安盛行的"皮影戏"，于是脱口而出："就叫'灯影牛肉'吧。"

当地百姓尊敬元稹的清正廉洁，也喜欢上这道菜。这道"灯影牛肉"也因为元稹的缘故，流传至今，成为川菜经典。

元稹灯影牛肉

（陈谦 绘）

李建

国家中式烹调高级技师，中国烹饪大师，达州市餐饮烹饪行业协会会长，四川旅游学院原创菜品研究院研究员，达州市知味苑餐饮有限公司创始人。

代表菜品

红袍一品、茶熏牛肉、猪头水八块、群龙朝圣、怪味鸡、鸡豆花

　　李建的第一份工作是在达川地区石门煤矿食堂当炊事员，那时他只有16岁。1988年，志存高远的李建自费到四川烹饪高等专科学校烹饪专业学习并毕业，并在此与恩师杨文教授结下不解之缘。1995年，他开始独自闯荡餐饮江湖。他先后在广东、上海等地宾馆酒店工作，从厨师做到总厨、总经理。2001年李建回到家乡达州，创办知味苑酒楼。技术出身的李建对菜品把控非常严格，他与时俱进，时刻关注餐饮市场发展，研发创新菜品。在李建的精心呵护下，"知味苑"成为达州餐饮知名品牌，家喻户晓。而他也获得了2015年"中国餐饮最具影响力企业家"称号和2017年度"川菜辉煌三十年功勋匠人奖"。

　　灯影牛肉是达州当地的一道传统经典凉菜。制作灯影牛肉要经过烘干、蒸透、炸亮等制作流程。要再现这道"元稹灯影牛肉"，却受制作设备的限制，令李建颇费心思。最终他用甜脆的灯影紫薇（红心红薯）与香辣的灯影牛肉（成品）相拌而成，似绝代双骄，重现经典，遥祭诗人。

元稹灯影牛肉 麻辣味

- ·主料· 　五香灯影牛肉成品 250 克
- ·辅料· 　红心红薯 400 克
- ·调料· 　盐 0.8 克，白糖粉 0.6 克，踏水坊红油、花椒油各 0.5 克，菜籽油 400 克

· 制作 ·

1. 将红心红薯洗净去皮，切成薄片，用盐水浸泡漂透后，晾干备用。
2. 锅内入菜籽油，烧至四成热时，下红薯薄片，逐片炸至金红、酥脆、透亮成灯影薯片后出锅装入盘中。
3. 将盐、白糖粉撒在盘中灯影薯片上拌匀，淋上红油、花椒油。
4. 拌好的灯影薯片与五香灯影牛肉成品组合装盘即可。

· 制作心得 ·

红薯片一定要用淡盐水浸泡，以便成形时不易碎裂；薯片的厚薄要片均匀，以免油炸时卷缩。

唐玄宗天回豆腐

去年馀闰今春早，曙色和风著花草。

可怜寒食与清明，光辉并在长安道。

——唐·李隆基《初入秦川路逢寒食》

唐玄宗天宝年间，发生了让大唐由盛转衰的"安史之乱"，唐玄宗带着杨贵妃仓皇出逃。传说一日一行人来到成都郊外一个名叫天隳山的地方。

唐玄宗一行到了天隳山下小镇时已是半夜，侍从找遍全镇，终于发现一家饭铺。敲开门后，老板的女儿赶紧拿出一盘白天未用完已煎制收起的豆腐，稍事回锅后端出。对于旅途奔波劳累并且饥肠辘辘的唐玄宗来说，这盘回锅豆腐简直比过去吃的山珍海味还要鲜美，比肉还好吃。正在吃着，长安方向传来八百里急报，安禄山之乱已被平息。玄宗大喜，当下率领部队回京。白居易《长恨歌》中有"天旋地转回龙驭"的诗句，即指此事。

其实这个传说与史书记载的内容有所出入。据说当时玄宗皇帝并没有立即调头回去，而是在成都住了一年零两个月后才返回京城。为此，唐代蜀中名士张冬荣还专门写了这首《天回山》：

一撮神土从天隳，无端挡得御驾回。

谁能忘却杜鹃鸟，望帝心声化翠微。

不过自那以后，人们就改称"天隳山"为"天（天子）回山"，山下的小镇也取名"天回镇"了。而玄宗吃过的豆腐，也以"天回豆腐"之名，流传至今，成为蜀地名菜。

唐玄宗天回豆腐

（邓娜 绘）

何国正

国家高级中式烹调技师（原特三级），成都餐饮名店陈麻婆豆腐技艺非物质文化遗产传承人，陈麻婆豆腐店行政总厨。

代表菜品

鲍鱼红烧肉、麻婆顺椒鸡、锅贴豆腐、荷包豆腐、青豌豆焖牛筋

何国正1980年参加工作，一直在陈麻婆豆腐事厨，并有幸得到陈麻婆豆腐两代传人的言传身教。通过近四十年不间断地学习和工作实践，何国正熟练掌握了陈麻婆豆腐从制豆腐、调料配制到成菜操作的一系列工艺，制作的麻婆豆腐"色泽红亮、亮汁亮油、细嫩鲜香"，秉承了陈麻婆豆腐成菜"麻、辣、烫、整、酥、嫩、鲜、香"的特点，并创造性地将这些特点加以升华。多年来，何国正始终坚持在生产操作第一线，从一名普通厨师一步一个脚印地干到了行政总厨，并成为"陈麻婆豆腐非物质文化遗产传承人"，肩负着弘扬和传承陈麻婆豆腐传统技艺的责任。

何国正根据故事传说，以及成都天回镇地方风俗习惯，运用传统川菜熊掌豆腐的制作方法，并结合自己多年的豆腐制作技艺，完美地呈现了这道曾经让唐玄宗都赞叹不已的蜀地风味菜肴。此菜又名熊掌豆腐、二面黄豆腐。

唐玄宗天回豆腐 家常味

· 主料 ·　石膏豆腐 500 克

· 辅料 ·　猪二刀肉（肥瘦相连）100 克，姜片、蒜片各 5 克，青蒜苗、猪油各 30 克，菜籽油 100 克

· 调料 ·　中坝酱油、郫县豆瓣各 40 克，盐 3 克，鲜汤 250 克，水淀粉 15 克

· 制作 ·

1. 猪二刀肉、豆腐均切片，蒜苗切成寸段。

2. 锅内倒入菜籽油，烧至六成油温时下豆腐片煎成黄色，表面撒少许盐，翻面再煎，煎成两面金黄时盛入盘中备用。

3. 锅内加入菜籽油、猪油烧至六成热时，下肉片炒，再加入郫县豆瓣炒香，下姜片、蒜片略炒，倒入鲜汤和煎好的豆腐片，用中火烧，加入少量酱油、盐烧透入味，下蒜苗段炒至断生，倒入水淀粉勾成二流芡，炒匀起锅装盘即成。

· 制作心得 ·

豆腐下锅前可用沸水冲两次，豆腐一定要煎成两面黄。烧时要将豆腐烧入味，并将芡汁收好。

杜甫过江片鱼

花径不曾缘客扫，蓬门今始为君开。

盘飧市远无兼味，樽酒家贫只旧醅。

——唐·杜甫《客至》

唐代诗人杜甫在成都客居四年。在杜甫笔下，成都是一座繁华热闹的大城市，"曾城填华屋，季冬树木苍。喧然名都会，吹箫间笙簧。"

走遍大江南北、朋友遍天下的杜甫，还是一位鲜为人知的美食家。在《将赴成都草堂途中有作，先寄严郑公五首》中，他第一首便回忆了川西食物的精美："鱼知丙穴由来美，酒忆郫筒不用酤。"在这座美食之都，杜甫还留下了许多品鉴人间至味的诗歌。《观打鱼歌》就生动地记录了一段让他难以忘怀的美食经历。

唐宝应元年（公元762年）7月，杜甫的至交严武奉召还朝，杜甫恋恋不舍，居然坐船三百多里，将严武一路送到了绵州。时任绵州地方官是杜甫的远房亲戚，了解杜甫的爱好，知道他极喜食鱼，于是将宴席摆在江边一个便于观看渔夫打鱼的地方。美景、美食、美味，令杜甫挥毫写下《观打鱼歌》，以下诗句为节选：

绵州江水之东津，鲂鱼鱍鱍色胜银。
渔人漾舟沉大网，截江一拥数百鳞。
众鱼常才尽却弃，赤鲤腾出如有神。
饔子左右挥霜刀，脍飞金盘白雪高。
鲂鱼肥美知第一，既饱欢娱亦萧瑟。

在这首诗里，杜甫不仅写了打鱼，还写了做鱼、吃鱼，诗句生动形象，给后人留下了美好的想象空间，也才有了这道"杜甫过江片鱼"。

杜甫过江片鱼

（郭睿聃 绘）

陈虹

国家高级中式烹调技师（原特一级），注册中国烹饪大师，注册国家级裁判员，四川中烟投资有限责任公司峨眉酒家总经理。

代表菜品

松鹤延年、麻辣土鸡、菊花鱼、家常海参、清汤浮圆、糖醋肝片

陈虹师从川菜大师蓝其金，精通川菜烹饪理论，技术全面，注重传统菜和创新菜的结合，尤其擅长将外系菜原材料用川菜烹饪技法和调料融合创作创新菜品。在冷菜雕刻和彩拼上有一定造诣，并能理论联系实际进行烹饪教学工作。优秀的厨艺和良好的职业素养，令陈虹在餐饮管理领域也能游刃有余。他长期从事餐饮经营管理工作，多次担任厨师培训、考核教员以及各大烹饪比赛的裁判员、评委。2007年12月被四川省饮食服务行业协会、省烹饪协会授予"川菜发展优秀职业经理人"；2017年10月荣获"川菜辉煌三十年功勋匠人奖"；2018年5月，被中国烹饪协会评为"改革开放四十年中国餐饮业企业家突出贡献人物"。

陈虹在构思这道杜甫过江片鱼时，想象着一代诗圣杜甫清新的美食雅好，便充分运用川式凉菜调味技巧，结合现代人健康养生的饮食追求，呈现出这道清香鲜嫩、无油淡雅的鱼肴。

杜甫过江片鱼 鲜椒酸辣味

· 主料 · 乌鱼肉 300 克

· 辅料 · 牛尾笋 150 克，鸡蛋清 2 个，泡蒜薹 10 克，红小米椒、青小米椒各 5 克

· 调料 · 蒜、盐、酱油、小葱、料酒各 5 克，姜片、香菜各 3 克，泡菜水 50 克，矿泉水 100 克

·制作·

1. 乌鱼肉去净鱼刺洗净，片成薄片，加入料酒、鸡蛋清、盐、姜片、小葱码匀备用。

2. 牛尾笋洗净，斜刀切成薄片，入沸水锅中焯熟后，入凉开水中漂凉，沥干水放入盘中垫底。

3. 将蒜、小葱、红小米椒、青小米椒、香菜均切末，泡蒜薹切粒备用，取盛器依次放入盐、酱油、蒜末、小葱末、红小米椒末、青小米椒末、香菜末、蒜薹粒、泡菜水、矿泉水调成味汁备用。

4. 炒锅加清水烧沸，放入码好味的鱼片氽熟，用矿泉水漂凉后捞起，沥干水后装入垫有笋片的盘中，淋上调好的味汁即成。

·制作心得·

鱼肉初加工时一定要把鱼刺去净，可速冻5分钟后再改刀。在氽鱼片时火不易过大，断血水成熟即可，以免鱼片不成形。

武则天珧柱冬瓜燕

酒中浮竹叶，杯上写芙蓉。

故验家山赏，惟有风入松。

——唐·武则天《游九龙潭》

四川广元女子武曌（武则天），是中国历史上唯一的女皇帝。她六十七岁即位，在位十五年，是历朝历代中即位年龄最大且寿命较长的皇帝之一。据说在武则天时期，一名姓沈的宫廷御医，为了给女皇找到一个既能延年益寿又能美容养颜的秘方，整日里苦思冥想，费尽心机。

这天，沈御医又到洛阳街肆转悠，时至晌午，他走进一家饭铺。刚坐下就听店小二对他说道："客官，您要点瓜燕菜吗？"沈御医听罢一愣，心想这店家胆子可真大，居然敢卖官燕菜。燕窝可是供奉给皇上的贡品，皇家才有食用燕窝的特权，所以称"官燕"。看到他疑惑的神情，小二赶紧解释："客官您放心，是瓜燕菜，仿燕窝。"

原来洛阳当地的一些商贾大户，听闻官燕美味无比，于是就让家厨按照官燕的烹制方法和样式，用冬瓜仿制出形味神似的假燕菜，既饱口福又满足了虚荣心。听完如此介绍，沈御医对小二喝道："还不快快将菜呈上。"在细细品尝了菜品后，沈御医不禁叹道：高手在民间啊！

回到宫中，他立刻将此菜做法告诉御厨，经过反复试验，菜品终于呈现在女皇面前，武则天品尝后，觉得味鲜、菜嫩、爽口，胜似燕窝，于是赐名"赛燕窝"。从此，这道"赛燕窝"就成为宫廷宴席中的一道名菜。后来经历代厨师不断改进，流传至今，成为川菜名菜，名曰"冬瓜燕"。

武则天珧柱冬瓜燕

（龙玲 绘）

李万民

国家高级中式烹调技师（原特一级），国家级一级评委，中国烹饪大师，中国烹饪协会副会长，四川省烹饪协会副会长，成都市总工会李万民川菜大师工作室主任。

代表菜品

金汤海味狮子头、奇味大烧鱼、金汤罐焖八仙、板栗扒花肉、金汤八珍、三升肝鳝双片、金汤百合枸杞糟蛋羹、麻婆蜀香鱼、竹蛋一品肉、家常海参、鸡豆花

　　李万民1971年进入饮食行业，1981年在成都烹饪专科学校培训后进入成都餐厅工作。两年后正式拜入孔派二代掌门大弟子、著名川菜大师陈廷新门下，并亲聆川菜孔派鼻祖孔道生老先生教诲，由此深得孔派川菜烹饪技术精髓。他潜心钻研烹饪技术四十多年，具有相当深厚的专业造诣，并形成了自己独特的烹饪风格。他首创用秘制金汤制作高档菜肴，多次为中央、省市政务及重大外事活动担任主厨。他是2013年全球财富论坛烹饪技术指导专家组组长；多次参加国际性、全国性的重大烹饪赛事活动获参赛大奖，并被聘为裁判长、专业评委。曾数次率团赴海外作川菜烹饪表演并进行技术交流。他还是成都市政府"突出贡献特殊津贴"专家，被中国烹饪协会授予"中国烹饪大师终身成就奖"。

　　冬瓜燕是一道传统经典川菜，也是川菜中粗菜细作、化腐朽为神奇的代表菜品。李万民大师用他高超的烹饪技艺，再现这道"武则天珧柱冬瓜燕"，充分体现川菜以清鲜见长之特色。致敬经典，致敬大师！

武则天珧柱冬瓜燕 咸鲜味

- **·主料·**　冬瓜 250 克
- **·辅料·**　干珧柱、瓢儿菜菜心各 30 克，清汤 400 克
- **·调料·**　盐 3 克，鸡油 10 克，淀粉 60 克，菜籽油 100 克

·制作·

1. 将跳柱发好后撕成丝，锅中倒入菜籽油烧至四成热，放入跳柱丝浸炸至酥脆，捞出待用。
2. 冬瓜切成银针丝，均匀拍上淀粉，瓢儿菜菜心焯水备用。
3. 锅置火上加入清水，水开后下入拍过粉的冬瓜丝焯水，捞出放入凉水中拨散，滤水备用。
4. 锅洗净，倒入清汤，随即下入滤水后的冬瓜丝，加入盐调好味，烧沸后盛入碗中装盘，撒上跳柱丝，淋上鸡油，点缀菜心即可。

·制作心得·

冬瓜丝拍粉要拍均匀，丝与丝之间不能成团。焯水过程中，水要保持微沸状态，控制好水温，水温过低或者水温过高都会影响成菜的效果。

花蕊夫人薯月银盘

君王城上竖降旗，妾在深宫那得知？

十四万人齐解甲，更无一个是男儿！

——五代后蜀·花蕊夫人《述亡国诗》

五代十国时期成都先后建立了前蜀、后蜀，但青史留名的不是皇帝，也不是文臣武将，而是这位写下《述亡国诗》的绝色传奇女子——花蕊夫人。白居易《后宫词》亦是专为她而作：

泪湿罗巾梦不成，夜深前殿按歌声。

红颜未老恩先断，斜倚薰笼坐到明。

花蕊夫人，成都青城（今都江堰市）人，得幸于后蜀后主孟昶，封慧妃，赐号"花蕊夫人"。花蕊夫人喜爱芙蓉花，孟昶便在西月城墙处遍种芙蓉花。秋来花开，灿如云锦，沿城四十里远近，都如铺了锦绣一般。成都"芙蓉城"因此而得名。孟昶常与花蕊夫人在此登高赏花，饮酒赋诗，弹琴娱乐。

据说，孟昶有每月初一和十五吃素的习惯。而且孟昶特别怕热，成都地处盆地，夏季炎暑湿闷，常常让孟昶气喘吁吁，寝食难安。因此，每到盛夏时节的初一那天，花蕊夫人都会选孟昶最喜欢吃的薯蓣（又称土薯、山药），切成薄片，在莲藕粉中加入几味香料，拌匀成汁后，淋在盘中片片白色的薯蓣片上。成菜清香扑鼻，清脆可口，孟昶每次食后立刻心情愉悦，精神焕发。由于此菜望之如月，而月色如银，宫中御厨便将此菜命名为"薯月银盘"。

花蕊夫人薯月银盘

（欧小红 绘）

许鸿

国家高级中式烹调技师（原特三级），酒店餐饮业高级职业经理人，成都空港大酒店餐饮副经理。

代表菜品

仔鸡豆花、葫芦鸭、生爆盐煎肉、宫保鸡丁

1986 年，许鸿进入成都双流机场候机楼餐厅上班。1987 年，他拜成都饭店副厨师长曾焰森为师。师父教得认真，许鸿学得努力，很快他就在机场餐厅崭露头角，并从一名普通厨师成为餐厅厨师长。1995 年，许鸿被任命为候机楼餐厅副经理。后来又担任成都空港大酒店餐饮副经理。行政工作的烦琐，并未影响他对烹饪的热爱，工作中面对来自五湖四海的宾客五花八门的口味，许鸿和他的厨政团队总能应对自如。这当然源于他的好学上进：他是川菜红案特三级厨师，并考取了酒店餐饮业高级职业经理人岗位证书。在成都双流机场这个大舞台，许鸿书写了自己作为一个餐饮人的光辉岁月！

许鸿认为自己最爱、最擅长的是传统川菜的制作。这道花蕊夫人薯月银盘，就藏着他巧妙又缜密的用心，当然也有他对川菜凉菜味型的独到诠释和解读，味道令人惊喜。

花蕊夫人薯月银盘　甜香、蒜泥、咸鲜、葱油、五香、糖醋、姜汁味

- **主料·**　普通山药 300 克
- **辅料·**　鸡蛋 1 个，玉笋 60 克，西蓝花、香菇、芽甘蓝、樱桃萝卜各 100 克，藕粉 10 克，铁杆山药 400 克，薄荷叶、玫瑰花各 5 克
- **调料·**　白糖 30 克，葱段 25 克，白醋、蒜末、姜末各 20 克，踏水坊香油、干辣椒各 50 克，花椒 5 克，盐 10 克，菜籽油 100 克，五香粉 80 克

· 制作 ·

1. 普通山药去皮后切成厚圆片，放入沸水中焯熟后捞出，备用。
2. 用白糖腌制薄荷叶、玫瑰花并挤出汁水，加入藕粉中和匀对成滋汁备用。
3. 西蓝花焯熟后，加入盐、蒜末、香油凉拌成蒜泥味，入味后清理干净蒜末备用。
4. 锅中入菜籽油烧至七成热时放入葱段制成葱油。玉笋加盐、葱油凉拌；鸡蛋用葱油煎制成蛋皮。
5. 白醋中加入白糖，放入樱桃小萝卜腌制成糖醋味泡菜。
6. 锅中倒入清水，加五香粉、干辣椒、葱段、花椒、盐熬制成卤水，放入香菇卤成五香味。
7. 芽甘蓝煮熟后加入姜末、盐、香油制成姜汁味。
8. 铁杆山药洗净，加盐煮熟后，切开并摆成城墙形；然后如图所示依次摆盘，最后在山药上淋上调好的滋汁即成。

· 制作心得 ·

此菜虽为一个简单的冷菜，但里面涉及四川传统的七种冷菜基本味型；菜品以香甜的山药为主料，辅以围边点缀的各类味型的蔬菜，在制作过程中一定尽量保持各类蔬菜的特有色泽。

花间流苏

晨起动征铎，客行悲故乡。

鸡声茅店月，人迹板桥霜。

槲叶落山路，枳花明驿墙。

因思杜陵梦，凫雁满回塘。

——唐·温庭筠《商山早行》

早在一千一百多年前的五代十国时期，成都就因城市商贸繁荣，文人骚客毕至，宴饮之风大盛，"地沃土丰，奢侈不期而至也"，而"蜀宫夜宴"的出现，尤显蜀中富足豪奢之风。

那时的蜀地文人游乐之余不免吟咏、谈诗论道，一时间诗歌词曲文赋小品不绝于耳。后蜀开国功臣中书令赵廷隐之子赵崇祚，精选了以温庭筠、韦庄等十八位晚唐至五代西蜀文人的作品，编成词集《花间集》，时人称为"花间词派"。

后蜀宰相李昊，附庸风雅，常在家中宴请同僚好友，行吟作乐。酒酣微醺之时，甚至还会亲自下厨制作佳肴款待上宾。

一个秋日下午，家中高朋满座，独不见主人李昊。众人正诧异之时，只见他从后厅走来，身后跟着一位手捧木盘的家仆。李昊落座主席后，即命家仆将盘中酥饼分与众人食之，并告之曰："俟花凋谢，以牛酥煎食之，谓之花酥，何如？"众宾客此时才知他们品尝的是时令鲜花素饼，无不啧啧称奇，对其风流雅韵、别出心裁的吃法叹为观止。

于是，时令鲜花入饼成当时蜀都之风尚，一时间仿效者众。此后，号称花间词派的西蜀文人雅士们在宴乐美食，赏花休闲之时，花酥成为必备点心，他们还将这款鲜花酥饼取名"花间流苏"。

花间流苏

（辜敏 绘）

兰桂均

国家高级中式烹调技师（原特一级），川菜烹饪大师，"玉芝兰"创始人、主厨。

代表菜品

龙虾五彩面、酸辣深海鲜辽参、家传甜烧白、坐杠大刀金丝面、泡椒凤爪、荤豆腐乳、家传甜酱烧野生冬捕辽参

　　1985年7月，兰桂均以优异成绩从四川省饮食服务技工学校温江分校毕业，随即进入蜀风园工作。1988年他运用广式小吃技艺结合川菜传统小吃特点创作出南瓜饼等系列小吃，风靡一时并流传至今。1999年他参加成都职工大赛获小吃类第一名，从此有了"面状元"的美誉。之后他又被公派日本学习，丰富了他的餐饮阅历。1998年，他进入乡老坎担任厨师长，首推"川西坝子土菜"概念，他还创造性地制作并推出乡老坎泡凤爪、泡白肉等，后改进成"爽口老坛子"，一炮打响。火爆的乡老坎成就了兰桂均在当时的餐饮市场上的江湖地位。之后，他走上了自主创业之路，并成为今天享誉海内外的"玉芝兰"创始人、主厨。

　　兰桂均对自己的定位就是"匠人"，他每天都在他的私家厨房"玉芝兰"里亲力亲为地忙碌着，接待那些世界各地慕名而来的资深食客。这款"花间流苏"，是他在厨房忙碌三个多小时后的成果。食花而不见花，馥郁清香，尽在其中，乐在其中！

花间流苏　蜜饯花香味

- **主料**　面粉500克，玫瑰花250克，白糖800克，猪板油1000克，芝麻100克
- **辅料**　红心火龙果1个

· 制作 ·

1. 玫瑰花加白糖揉制成蜜玫瑰，剁细的板油中加入白糖揉制成蜜板油，均放置15天以上，让其自然发酵，呈透明状。

2. 将猪板油切碎，取部分在锅中蒸制成化猪油；另一部分猪板油剁细后备用。取少量面粉在锅中炒熟成炒面备用。火龙果捣碎取汁备用。

3. 取面粉加入化猪油叠压成酥面团；再取面粉加入水、化猪油，调制揉匀成为油水面。

4. 将发酵好的蜜玫瑰、蜜板油中加入熟芝麻、炒面、和匀制成馅料备用。

5. 取油水面、酥面包成剂子，擀成牛舌形，卷裹叠三下，压扁擀制成皮，包入馅料封口后压成饼状，点上火龙果汁成红色梅花形。

6. 锅内油温升至三成热时下面饼，慢慢升温浸炸至熟，温度控制在五成热左右，起锅即成。

· 制作心得 ·

掌握好油水面、酥面的比例和包制擀制的程序。制作油水面切记不能太硬，太硬不好包制，酥面和油水面软硬要一致。

东坡王弗鱼肘

十年生死两茫茫。不思量，自难忘。千里孤坟，无处话凄凉。

纵使相逢应不识，尘满面，鬓如霜。

夜来幽梦忽还乡。小轩窗，正梳妆。相顾无言，惟有泪千行。

料得年年断肠处，明月夜，短松冈。

——宋·苏轼《江城子》

上面是苏轼为悼念原配妻子王弗而写的一首悼亡词。苏轼与王弗感情深厚，无奈王弗 27 岁早逝。这首著名的《江城子》，道尽苏轼对爱妻王弗的深情，表现了他绵绵不尽的哀伤和思念。

苏轼，号东坡，世称苏东坡，四川眉山人，北宋文学家、诗人、书画家、美食家，唐宋八大家之一。

少年苏轼在家乡眉山的中岩书院读书时，其父苏洵的好友，青神乡贡进士王方在书院执教。少年苏轼聪明好学，王方十分喜爱。后来，王方将自己的女儿王弗许配给苏轼。

苏轼与王弗婚后生活十分甜蜜。年轻的苏轼不仅喜美食，还特别愿意亲自下厨，深得王弗父母赞许。然而王弗喜吃鱼，东坡爱吃猪肘，王弗的父母亲为让他俩高兴，便常把二者合烹成"炖鱼肘"。苏轼夫妇非常喜欢这道菜。

在自己家中，善烹的苏轼常和夫人一起制作菜肴，其乐融融。他们尝试将"炖鱼肘"里的猪肘和鱼改"炖"为"蒸"，互不抢味，浇上酱汁合二为一成菜，鱼肉鲜美，猪肘肥而不腻，遂命名"苏式（轼）鱼香鱼肘"，后人感慨其对王弗的深情，故又将此菜称为"东坡王弗鱼肘"。

东坡王弗鱼肘

（黄晏铭 绘）

方勇

国家高级中式烹调技师（原特三级），中国烹饪名师，眉山岷江东湖饭店行政总厨。

代表菜品

仔鸡豆花、芙蓉鸡片、柠檬鱼片

1979 年，方勇在成都餐厅学习厨艺，遇到了他的第一个恩师——著名川菜大师陈廷新，并由此打下了扎实的川菜烹饪基本功。三年艺成，从成都四味鲜餐厅开始，他先后在济南明湖楼酒店、成都拉萨大酒店、法国和西非科特迪瓦的中国酒家和商务处、北京俏江南 811 会所、岷江东湖饭店等数十家餐厅，开启马不停蹄的工作模式。作为一名共产党员，方勇以其踏实勤奋、严谨高效的工作作风著称。他乐于助人，也从不故步自封，1997 年时他又拜在中国烹饪大师高德成门下，精研厨艺，突飞猛进。他和著名川菜大师陈廷龙共同研发的"东坡家宴"不仅获得当地政府的支持，还被中国烹饪协会授牌"中国名宴"。

方勇对东坡家宴菜品颇有心得，他大胆创新，主材并重，做成这道菜。成菜烹制各异却又相辅相成，肘入口即化，鱼外酥内嫩，各擅胜场，似东坡王弗，郎才女貌，鱼水情深。

东坡王弗鱼肘 鱼香味

- **·主料·** 猪肘子 1000 克，草鱼 750 克

- **·辅料·** 啤酒 250 克

- **·调料·** 泡椒末、蒜末、白砂糖、郫县豆瓣各 50 克，盐 5 克，姜（姜片、姜末各半）100 克，葱（葱段、葱花各半）30 克，醋 30 克，淀粉、中坝生抽各 20 克，菜籽油 150 克

1. 肘子沼净，放入锅中加入清水、姜片、葱段、啤酒用大火煮开后，再调至小火慢煮4小时至脱骨即可。

2. 草鱼洗净去骨，切薄片，五片一组，切成细条，放入加有姜片、葱段、清水的盆里浸泡去腥，捞出沥干水，撒上适量的淀粉均匀铺满，下油锅炸至定型，然后再次入油锅炸一次。

3. 把煨得软糯的肘子放于盘子中间，把炸好的菊花鱼均匀地摆在肘子的周围。

4. 锅内放菜籽油少计，依次序卜入泡椒末、郫县豆瓣、生抽、姜末、蒜末、葱花、盐，将糖、醋、淀粉对成滋汁入锅勾鱼香汁，淋入盘中即成。

· 制作心得 ·

制作这道菜时要有耐心，一定要小火慢炖，加啤酒主要起提鲜除腥作用。炸鱼时一定要用筷子夹住鱼炸，这样才便于定型。

苏氏眉州三酥

细雨斜风作晓寒，淡烟疏柳媚晴滩。入淮清洛渐漫漫。

雪沫乳花浮午盏，蓼茸蒿笋试春盘。人间有味是清欢。

——宋·苏轼《浣溪沙·细雨斜风作晓寒》

"三苏"即指苏洵、苏轼、苏辙。苏氏父子三人同时入选唐宋八大家，这在中国文学史上堪称奇迹。

苏氏父子三人，父亲苏洵擅散文，其文章往往谈古论今，纵横评说，更擅长分析，气势恢宏，代表作有《六国论》。其子苏轼在北宋文学史上的地位自不必说，光词作便名篇众多，流传千古，为北宋豪放派词作创始人之一。苏辙为苏轼胞弟，兼收父兄及各家之长，文风内敛稳重，擅长驾驭多种文体。

古今文人墨客多负才名，而说到吃名，苏氏父子三人之中，就数苏轼因好吃、会吃天下闻名。他好吃、善吃、精于吃，自然也擅辨食材、精通厨艺，不仅首创了很多新菜，也写下了许多关于吃的诗词。

一日，苏轼应邀赴会，席间主人上一米粉煎的油饼，东坡吃完油饼，问主人油饼的名字，主人说没有名字，苏轼再次尝过后又问："此饼为何这么酥呢？"主人闻言笑道："就名'为甚酥'罢！"后来，苏轼受邀再次去主人家时，品饮间乘兴做了这首《为甚酥》：

野炊花间百物无，杖头惟挂一葫芦。

已倾潘子错著水，更觅君家为甚酥。

"眉州三酥"采用川菜小吃技艺，三酥即"三苏"，用三道川味小吃——丁丁酥、胡子酥、棒棒酥，寄寓"眉州苏氏父子三人"。

苏氏眉州三酥

（王晓华 绘）

彭政权

国家高级中式烹调技师（原特三级），四川眉州东坡酒楼行政总厨。

眉州东坡酒楼代表菜品

东坡肘子、东坡江团鱼、东坡鸡豆花、东坡烤鸭

眉州东坡酒楼专事东坡菜式，享誉海内外。这道苏氏眉州三酥是传统川菜小点，由酒楼行政总厨彭政权亲自料理，境界不凡。

苏氏眉州三酥

丁丁酥

- **主料** · 三线五花猪肉 150 克
- **辅料** · 红薯粉 80 克，鸡蛋 50 克，菜籽油 200 克
- **调料** · 姜片、葱段各 30 克，盐 2 克，五香粉、花椒各 0.5 克

· 制作 ·

1. 把五花猪肉切成丁，加入调料腌制 2 小时。
2. 把红薯粉与鸡蛋打成糊状，加入腌制好的猪肉拌匀。
3. 把菜籽油烧至六成油温，逐一放入拌制好的猪肉丁，炸制成金黄色即可。

胡子酥

- **主料** · 猪臀肉
- **辅料** · 红薯粉 80 克，鸡蛋 50 克，菜籽油 200 克
- **调料** · 姜片、葱段各 30 克，盐 2 克，五香粉、花椒各 0.5 克

· 制作 ·

1. 把猪臀肉切成小长条，加入调料腌制码味 1 小时。
2. 把红薯粉、鸡蛋打成糊状，加入腌制好的猪肉拌匀。
3. 把菜籽油烧至五成热，逐一放入码制好的猪肉条炸制成外酥内嫩、金黄色即可。

棒棒酥

- **主料** · 厚皮菜（略带青叶）300 克
- **辅料** · 鸡蛋 50 克，面粉、安岳红薯粉各 30 克，菜籽油 200 克
- **调料** · 盐 2 克，料酒 5 克，胡椒粉、五香粉各 0.5 克

· 制作 ·

1. 将厚皮菜切成条，下锅煮软捞起，挤干水。
2. 将煮好的菜条放入盐、鸡蛋、红薯粉、面粉、料酒、胡椒粉、五香粉拌匀。
3. 锅中倒入菜籽油烧至五成油温时逐条下菜条炸至定型。
4. 待锅中油温升至七成时将菜条再下锅炸至鹅黄色，捞起装盘即成。

· 制作心得 ·

制作丁丁酥和胡子酥的关键点在于选择食材——猪肉要选用不同的部位。码味时做到调料与主料配比的精准性。在炸制时控制好油温。一定要用红薯粉。

· 小贴士 ·

1. 三种酥一起炸好后，造型成盘。
2. 配盐、辣椒面、花椒面、黄豆面、花生面、芝麻制成的干碟一起上桌。

东坡元修菜羹

自笑平生为口忙，老来事业转荒唐。

长江绕郭知鱼美，好竹连山觉笋香。

逐客不妨员外置，诗人例作水曹郎。

只惭无补丝毫事，尚费官家压酒囊。

——宋·苏轼《初到黄州》

苏东坡一生三起三落，命运坎坷，落差之大令常人难以想象。十几年的贬谪生活是他生命中的主题。这首《初到黄州》是其贬谪黄州后所作，虽有自嘲、失落之情，但其中的豁达胸襟远超常人。乐观的性格、吃货的本色，让苏东坡自得其乐，率性随缘。

一年秋收之后，眉州乡亲元修来看望苏东坡。元修深知东坡的最爱，不仅带了一口袋干苕菜，还带了一些苕菜种子。苏东坡喜出望外，离开家乡在外地做官，乡音易改，但乡味难却，时日一久，便产生了浓浓的乡愁，时常想起少年时代母亲用新鲜苕菜尖煮米汤的羹肴。

元修把从四川带来的苕菜种子，在东坡住家不远处的田间地头播撒栽种，当地百姓从没见过此菜，纷纷询问菜名，为表达对乡亲元修的感激之情，苏东坡干脆将其称为"元修菜"。

苕菜切碎后放入米汤中熬制，清香可口的苕菜羹总能一解乡愁。后来苏东坡还专门作《元修菜》一文，详细讲述其来历，留下了这段佳话。

陆游客居四川时，对元修菜也颇为喜爱。元修菜其实就是四川民间称的"苕尖"菜，可新鲜食用，亦可制成干菜。鲜的清香，可炒，可烧，可羹，可汤；干的香味犹存，可入馔，可熬粥。

东坡元修菜羹

（刘光林 绘）

梁长元

国家高级中式烹调技师（原特一级），中国烹饪大师，成都市烹饪协会顾问。

代表菜品

鸡豆花、干烧牛筋、佛手蛰卷、芙蓉肉糕、家常海参、焦皮肘子

梁长元的厨师生涯始于1961年。他是川菜泰斗曾国华大师的爱徒。在他事厨学艺时期，成都名厨周开泰、黄茂兴都曾经给予他悉心指点，令他终身受益。1962年，学厨初见成效的梁长元前往成都市饮食公司烹饪班深造。1972年，梁长元进入了著名的荣乐园餐厅培训班学习，取得优异成绩。这期间他还被聘请为成都市饮食公司工人大学烹饪实习操作教师。1982年他被公派泰国曼谷，任四川楼主厨；1993年又被派往日本楼兰餐厅任厨师长。20世纪90年代后期，梁长元应邀去美国事厨直到退休。梁长元是荣乐园餐厅多届厨师长，传统烹饪功底极为深厚，是荣派川菜的第三代传人。

梁长元大师选用新鲜苕菜制作的这道"东坡元修菜羹"，用料简朴，配料精准，形似翡翠，清香入骨，羹中弥漫着家的温暖和气息。品鉴之余，仿佛都能隔空感受到一代文豪苏东坡的浓浓乡愁，令人唏嘘！

东坡元修菜羹 咸鲜味

· 主料· 　苕菜 500 克，米汤 200 克

· 辅料· 　猪油 50 克

· 调料· 　盐 0.5 克，姜末、葱花各 10 克

· 制作·

1. 取苕菜尖，洗净切碎备用。

2. 锅中放少许猪油，加姜末、葱花炒香后，加入米汤烧开，倒入碗中备用。

3. 锅洗干净，倒入猪油烧热，放入切细的苕菜尖翻炒后，加入烧制好的米汤，再加少许盐，待苕菜烧至软糯，起锅装入汤盘即成。

· 特点·

清鲜朴素，养心养胃。

陆游驴滚雪花

衣上征尘杂酒痕，远游无处不销魂。

此身合是诗人未？细雨骑驴入剑门。

——宋·陆游《剑门道中遇微雨》

相传，清朝乾隆皇帝每年岁尾在宫中举办"千叟宴"时，有一道必不可少的名菜——陆游驴滚雪花。驴肉营养鲜美，豆花雪白细嫩，深受"千叟"喜欢。"千叟"喜欢，乾隆心安。而这道神奇的菜肴背后，是陆游与四川的一段不解之缘。

陆游是南宋著名诗人，祖籍浙江绍兴，他在诗词文方面具有很高的成就，明代四川大才子杨升庵评价陆游词："纤丽处似淮海，雄慨处似东坡。"

陆游四十多岁入川为官，入蜀路途的遥远、道路的艰险让他深切感受到"蜀道之难，难于上青天"。当到达四川剑门关时，疲惫不堪的陆游决定在此暂住几日。一天，陆游骑驴归来，突然天降大雪。进屋后就着火炉暖身的陆游，看见炉上煨的豆花白嫩似雪，咕噜咕噜冒着热气。在剑门暂住的这些日子里，陆游领略了剑门豆腐的美味，此时他灵机一动，吩咐家人切一盘薄薄的驴肉片，调制一个味碟。准备好后，只见他先将驴肉片放在豆花上，略煮片刻，待肉片翻卷变色后，放味碟中来回滚几下后入口，味美无比，望着门外飞舞的雪花，陆游兴奋地说道："此乃驴滚雪花也！"

"陆游骑驴远归，迎雪烹食驴肉"的故事由此而生。

陆游驴滚雪花

（蒋沛杉 绘）

余南浩

国家高级中式烹调技师（原特二级），注册中国烹饪大师，成都新华宾馆行政总厨。

代表菜品

宫廷老灶鸡、塞北烤羊腿、贵族香烤鱼、蒙古金沙骨

从1985年进入成都荣乐园学厨开始，学习就贯穿于余南浩的整个职业生涯。他是川菜大师龙治明的弟子，也曾远赴沈阳鹿鸣春饭店请教刘敬贤大师，并在渤海酒店管理学院学习四年。他先后在长沙天府餐饮管理集团、杭州香格里拉大酒店、成都西藏饭店等近十家酒店宾馆担任过副总经理、总监、厨师长、行政总厨等职务，目前任新华宾馆行政总厨。他擅长酒店、厨政管理，能制作川菜、粤菜，旁通西餐、官府菜、藏羌菜、杭帮菜。他是第四届世界烹饪大赛杭州赛区筵席组团体赛金牌得主，"藏羌风味菜及民俗文化研发贡献奖"获得者，"剑门关豆腐节名菜名师认证"获得者，曾因参加重要国事接待荣立三等功。

川菜中极少用驴肉成菜。余南浩运用其丰富多彩的烹饪知识和技巧，合理搭配，创造性地将鲜驴腿肉辅以剑门关"酸浆豆花"制成此菜。驴肉配雪白的豆花——驴滚雪花！天马行空，妙趣横生。

陆游驴滚雪花 咸鲜味

- ·主料· 鲜驴腿肉 1000 克
- ·辅料· 剑门关酸浆豆花 500 克，驴棒骨 200 克，驴肋骨、鸡架骨、鸭架骨、火腿、鸡蓉、驴油、老坛子酸菜各 100 克，当归、沙参、番茄片各 10 克，大枣 2 颗，枸杞 6 颗，江津白酒 50 克，驴血 200 克
- ·调料· 盐、老姜片各 20 克，菜籽油 300 克，葱段 50 克，八角、香叶各 10 克，干辣椒 15 克，花椒 3 克

· 制作 ·

1. 将辅料中的四样骨、火腿分别汆水后洗去血水，沥干水备用。

2. 菜籽油烧至八成热后，将制好的四样骨、火腿入油锅，放入干辣椒、花椒、葱段、老姜片煸炒，倒入江津白酒、清水，放入八角、香叶、当归、沙参熬汤，汤开后烧 3 个小时，再加入鸡蓉和驴血熬成清汤备用。

3. 将驴腿肉片成薄片摆盘，酸菜切片后用驴油爆香，酸浆豆花切块备用。

4. 清汤倒入砂锅中，加入酸浆豆花块、酸菜片、番茄片、葱段、大枣、枸杞、驴油，放在气炉上加热，汤烧开后，即可烫涮薄片驴肉。

· 制作心得 ·

烫食驴肉的汤底要经过熬汤、扫汤、加料去驴肉异味的处理；食用时可用各式调味料根据个人喜好调制味碟。

魏了翁雀舌乌鱼

梅华鹤羽白，茶华鹤头红。

拱揖鹤山翁，始授宗人同。

——宋·魏了翁《次韵李肩吾读易亭山茶梅》

1210 年，在四川蒲江北门外一里处的白鹤山上，一家藏书量居宋代各书院之首的书院成立了。创办者就是蒲江县人魏了翁，因其字华父，号鹤山，所以冠名"鹤山书院"。

魏了翁是南宋时著名的思想家和教育家。他二十一岁便考上进士，为官清廉，虽有一套治国良策，但遭权臣排挤，几次降官。

魏了翁在家乡蒲江创办鹤山书院，亲自执教，答疑解惑。据说为了表彰魏了翁的办学实绩，宋理宗曾经亲手书写"鹤山书院"四字相赠。

在教书闲暇之余，魏了翁最喜爱的就是品尝家乡的雀舌茶。他爱茶，更懂茶，他所著的《邛州先茶记》载入《中国茶经》，书中特别赞美蒲江雀舌茶。后来蒲江雀舌入选贡茶，就得利于魏了翁力荐之功。

一次，家人炖鱼汤，魏了翁在一旁品茗读书，闻着锅里飘出的鱼香味，他突发奇想：如果倒一些雀舌茶汤进去，不知味道如何？想到就做，他揭开锅盖，将半壶茶汤掺了进去。当鱼端上桌时，魏了翁能闻到鱼汤飘出一股淡淡的茶香，而吃到嘴里的鱼肉，鱼腥味也没有以往浓重。他兴奋地告诉家人，茶叶不但能清心去火，还能去腥味，今后做鱼时放点茶叶进去，可令鱼汤更加鲜美。从此"雀舌乌鱼"汤就成了魏家的传家菜。

魏了翁雀舌乌鱼

（王晓华 绘）

王洪

国家级中式烹调高级技师，中国烹饪大师，成都天香仁和酒楼行政总厨。

代表菜品

焦香牛肉粒、黑叉烧、仁和竹荪三鲜、石板银鳕鱼

　　王洪的厨师生涯，始于成都陕西街一家名叫楼上楼的小饭馆。1994年，王洪进入成都仁和鲢鱼庄，并从此和"仁和"结下不解之缘。他先后成为仁和鲢鱼庄、宜宾仁和川菜酒楼厨师长，并成为成都著名餐饮品牌天香仁和酒楼的行政总厨。他秉承"尊重自己，善待他人，博取众家之长，出品高于一切"的做人做事原则，带领一支年轻且充满激情和创意的团队，荣获第七届国际美食旅游节团体金奖、第四届中国烹饪大赛银奖。他是2014年中华美食频道20集大型高清纪录片《为爱做道菜》的爱心大使。他精通川菜，旁通湘、杭、赣、粤菜等多个菜系，并融会贯通、善于创新，其菜品拥有独具一格的创意和意境。

　　对"雀舌乌鱼"这道菜，王洪是逐字解读，做足了文章。鲜嫩的蒲江雀舌茶尖入汤去腥增鲜，令雀舌宛如乌鱼之舌；酥米更是点睛之笔，细嫩的鱼片入盛满酥米之碗，滑爽与香脆交织，婉转馨香，回味无穷。

魏了翁雀舌乌鱼 咸 鲜 茶 香

- ·主料· 乌鱼1000克，蒲江雀舌茶尖50克，清汤500克
- ·辅料· 大米300克，菜心70克，香菇50克，菜籽油200克
- ·调料· 盐8克

· 制作 ·

1. 乌鱼宰杀，洗净备用。

2. 将乌鱼去骨切片，清汤中加入乌鱼骨架、蒲江雀舌茶尖熬汤待用。

3. 大米煮熟，沥干水，锅中倒入菜籽油，油温烧至六成热时，将熟大米下入锅中炸成金黄酥米装盘待用。

4. 将鱼片放在炸好的酥米上，在熬制好的汤中加入菜心、香菇，大火烧开后倒入盘中，把鱼片烫熟，调入盐即可食用。

· 制作心得 ·

此菜非常讲究刀功、火候；菜中用茶去鱼腥味并提鲜。

唐慎微御方补血菜

使诸家本草及各药单方，垂之千古，不致沦没者，皆其功也。

——明·李时珍

　　蜀中名医唐慎微是北宋著名的医药学家，蜀州晋原（今四川崇庆）人。他编著的《证类本草》，代表了宋代药物学的最高成就。唐慎微医术精湛，医德高尚。他治愈的人为表达谢意，常常要送给他礼物，他却只求大家把知道的偏方、验方、草药送给他。天长日久，他汇集的药方竟然堆积了一二尺厚。这道御方补血菜，就来源于唐慎微行医生涯中一次有趣的经历。

　　一天，唐慎微在一户人家诊病后，在主人盛情邀请之下留下用餐。席间有一盘清炒的紫色叶菜，清香、爽滑、味美，他好奇地询问主人菜名。男主人说："这菜叫紫背天葵。我家是从湖北迁来的，祖上有人曾在宫中御膳房，当过差，听我爷爷讲，宫中御医每月都会吩咐御膳房为后宫嫔妃们准备两三次紫背天葵菜肴。据御医说，这紫背天葵味道鲜美，具有补血的功效，但却不能过多食用。此菜与猪肝搭配，味道和补血效果最佳，堪称绝配，但如今家道中落，故只是清炒。"

　　回到家中，唐慎微查阅医学典籍，了解其药性、禁忌。后来，紫背天葵的药用价值得以录入《证类本草》这部中华医学传世之作。而这道御方补血菜，也随着这位蜀中名医传遍巴山蜀水，成为一道人人可享的美味佳品。

　　紫背天葵其实就是四川民间俗称的血皮菜。

唐慎微御方补血菜

（芍珄 绘）

许凡

国家中式烹调高级技师，中国烹饪大师，"许家菜"创始人，
成都名堂餐饮集团掌门人。

代表菜品

清一色翘壳鱼、脆皮鲜鲍、椒麻脆皮鸡

  许凡是湖北人，在厨艺上有着一股好钻研的狠劲。他善于在实战中学习提高，擅长墩、炉，精通川菜冷热菜肴烹饪技艺，旁通粤、苏、鲁及宫廷菜，25岁就在成都餐饮江湖声名鹊起，是青年厨师中少有的年薪高达百万的"牛厨"。成名后，他拜著名烹饪教授杨文为师，不断提高自己的职业文化素养，他还钻研营养学、卫生学甚至中医学，并将这三者与烹饪实践相结合。他创立"许家菜"，执掌成都名堂餐饮，实现了少年时曾有的"企业家"梦想。他有着"最佳50明星厨师""青年烹饪艺术家""中国中生代名厨50人"的靓丽头衔，但他最看重的是"川菜三十年杰出人物"的荣誉，因为这里面有他的青春、有他一生的梦想和追求！

  这道御方补血菜，历经千年，流传至今，成为蜀地百姓家喻户晓的一道家常菜肴。许凡在烹制这道菜品时，借鉴四川民间传统搭配方式，运用川菜中最具特色的鱼香味型，压制食材中肝片的异味，也让血皮菜味道更加丰满，实乃平中见奇，令人一尝难忘。

御方补血菜 鱼香味

· 主料 ·　血皮菜 150 克

· 辅料 ·　猪肝 250 克，菜籽油 150 克

· 调料 ·　盐 2 克，胡椒粉 8 克，姜、葱各 5 克，泡辣椒、水淀粉各 20 克，料酒、白糖各 15 克，
　　　　　醋、蒜各 10 克

· 制作 ·

1. 血皮菜选菜心洗净备用。

2. 猪肝切成柳叶片，葱、姜、蒜、泡辣椒均切成末备用。

3. 将猪肝用料酒、盐、水淀粉码味；将盐、胡椒粉、白糖、醋、水淀粉对成滋汁备用。

4. 将炒锅炙好后，置旺火上，下菜籽油烧至七成热，下猪肝炒散后加泡辣椒末、姜末、蒜末、
　 葱末炒香，放入血皮菜心，烹入滋汁，出锅装盘即可。

· 制作心得 ·

猛火快速成菜才能保持猪肝的爽滑细嫩、咸鲜味浓。

杨状元灯盏窝儿

滚滚长江东逝水，浪花淘尽英雄。

是非成败转头空，青山依旧在，几度夕阳红。

白发渔樵江渚上，惯看秋月春风。

一壶浊酒喜相逢，古今多少事，都付笑谈中。

——明·杨升庵《临江仙》

杨升庵，本名杨慎，成都新都人，是明代四川地区唯一的状元，位居明朝三大才子之首。

传说，"灯盏窝儿"是少年杨升庵晨起赶考时母亲为他做的一道菜。杨母选用猪的坐臀肉，用清水煮过后切片，回锅炒制而成。因为肥瘦相间，下锅炒后，肉片回缩起窝，形成宛如灯盏一般的形状，吃起来很滋润，特别香，让人回味无穷。

每当小升庵想吃母亲做的这道菜时，就向母亲撒娇："妈妈，我要吃'灯盏窝儿'，我要吃'灯盏窝儿'。"起初，这是小升庵和母亲之间的一个"小秘密"，久而久之，大家都知道了杨升庵吃的是什么灯盏窝儿了，且觉得这种称呼比回锅炒肉更贴切。特别是杨升庵状元及第后，许多人家的孩子在赶考前，家人都会做这道"状元灯盏窝儿"为他们送行。

"灯盏窝儿"这个菜，形似读书用的灯盏，倾注了人们望子成龙的希冀。随着时代的发展，无论制作方式还是调料、辅料的使用都不断演变，并成为一道在四川家家会做的家常菜肴，也是享誉全国的经典川菜。

今天，"灯盏窝儿"这个菜，对在外求学的游子而言承载着浓浓的乡愁；对川人来说，已成为"家的记忆，小时候的味道"了。

杨状元灯盏窝儿

（周茂 绘）

吴世洪

国家高级中式烹调技师（原特一级），中国烹饪大师，四川省烹饪协会副秘书长。

代表菜品

干烧辽参、回锅鱼片、东坡羊肋排、蜀山珍菌盅

1982年，吴世洪从四川旅游学校烹饪专业毕业，分配到金牛宾馆工作。虽是专业院校的毕业生，但他工作态度谦虚踏实，故获得著名川菜大师蓝其金的认可，遂被收入门下得到悉心栽培。1987年他被外派到西德杜塞尔多夫四川饭店任厨师长。回国后开始承担更多的管理工作，但他不忘精进厨艺，挖掘培养新人，做好川菜传承。在金牛宾馆任职期间，他多次带领团队参加全国烹饪大赛均取得优异的成绩。他数次受邀担任厨师培训考核教员及烹饪比赛裁判员。他带领团队参加外国元首接待任务，以及国家、省内外各级政务接待，其精湛的烹饪技艺蜚声业内外。他是2013财富论坛省市招待晚宴烹饪技术指导专家组成员。曾荣获"川菜辉煌三十年功勋匠人奖"。在2016年天宫二号任务接待中，获"突出贡献"奖殊荣。

吴世洪炒的回锅肉，在金牛宾馆可是一绝，据说一位川籍老领导每次回成都，都点名要吃他炒的回锅肉。二次回锅是吴大师独创，经二次回锅后，肉更加干香入味。这道杨状元灯盏窝儿，经过吴世洪大师的精心设计和制作，绝对令人期待。

杨状元灯盏窝儿 家常味

- **·主料·** 带皮猪坐臀肉（二刀肉）550克
- **·辅料·** 蒜苗100克，大葱20克，姜10克，花椒10粒
- **·调料·** 天车甜面酱5克，郫县豆瓣10克，酱油、白糖各3克，菜籽油100克

· 制作 ·

1. 将郫县豆瓣剁细，蒜苗切成段备用。
2. 锅中放清水，放入猪肉，加入姜、大葱、花椒，将猪肉煮至断生后捞出，切片备用。
3. 锅中放菜籽油，烧至六成热，将切好的肉片倒入锅中，炒成灯盏窝状，下剁细的郫县豆瓣炒至上色，再下甜面酱、酱油、白糖，炒至色泽红亮，下蒜苗段炒至断生后装盘即成。

· 制作心得 ·

煮肉时，肉刚断生即可，切忌煮得过熟；炒时火候不宜过大，特别是下豆瓣酱油时，火候更不宜大。四川很多地方把这道菜叫熬锅肉，回锅肉头餐炒好后，下一餐再回锅炒，味道会更浓厚。

升庵桂花鸭

君来桂湖上，湖水生清风。清风如君怀，洒然秋期同。

明年桂花开，君在雨花台。陇禽传语去，江鲤寄书来。

——明·杨升庵《桂湖曲》

杨升庵10岁之前都是随父母生活在北京孝顺胡同。父亲杨廷和曾任翰林院修撰，官至吏部尚书，声威显赫。身为相门公子的杨升庵，聪颖过人，读书过目不忘，常常令母亲惊喜不已，于是母亲常常制作桂花糕点奖励小升庵。桂花在小升庵心里就是世上最美的花。

10岁时祖母病故，升庵随父亲回蜀奔丧，回到新都老家。他19岁应四川乡试考中举人，24岁应殿试，曾中殿试第一，被称为杨状元，今成都状元街即是其旧居。

新都"南亭"始建于初唐，到明代，这座园苑成为杨氏家族的花园，当时杨家一门七进士，兴盛发达，把花园修得绮丽典雅。杨升庵与蜀中才女黄峨婚后居住在南亭湖畔榴阁，二人时常漫步其间，从小就喜爱桂花的杨升庵沿南亭湖边种植了许多桂树。古人说"君子爱莲，才人摘桂"，杨升庵将此处园林取名"桂湖"。"桂湖"之名，随着这首升庵为友人胡孝思从四川调任南京时作的《桂湖曲送胡孝思》流传开来并沿用至今。

升庵酷爱桂花。在家乡榴阁这段虽短暂却轻松愉快的日子里，于蜀中美食颇有心得的他，对桂花入馔费了不少心思。他用川西坝子所产麻鸭，加入馨香的桂花腌制、烹煮而成的桂花鸭子，桂花味浓，口感细腻，被夫人黄峨称为"升庵桂花鸭"。

升庵桂花鸭

（刘德亮 绘）

黎云波

国家高级中式烹调技师（原特一级），注册中国烹饪大师，川菜烹饪大师，川菜老师傅传统技艺研习会彭州分会副会长兼秘书长，四川彭州市聚味轩酒楼总经理。

代表菜品

彭州牡丹、孔雀鲜鱼、黎氏嫩鱼、黎家鲫鱼、兰肚鸡糕、黎氏藤椒爆肚花

　　黎云波从厨三十多年，他师从著名川菜大师谢怀德，先后在彭县饮食公司、成都蜀风园、荣乐园、四川烹饪专科学校学习深造。黎云波有着深厚扎实的川菜烹饪功底，他思维敏捷，善于创新，1998年3月他在成都乡老坎酒家创制的江湖川菜"少妇泼辣鲇鱼"名噪一时。黎云波还拥有丰富的高端商务、政务接待经验，曾多次接待外国元首，并亲自设计大型宴会和烹制菜肴。其代表菜分别被收入《中国名厨技巧博览》《创新川菜》等图书。他还受邀成都电视台《千秋川菜》接受专题访谈。他是第四届全国烹饪大赛热菜银牌奖得主，1999年被成都市政府授予"成都市优秀厨师"称号，并曾受聘为成都市饮食考评委员会一、二级厨师考核评委。

　　黎云波的这道升庵桂花鸭，构思巧妙，制作要求极高。为留住桂花香，他运用川式浸泡的浸腌方法，令鸭肉的鲜香与桂花的馨香相互交融，唇齿留香。

升庵桂花鸭　咸鲜味

- **·主料·**　活土仔麻鸭1只
- **·辅料·**　新都干桂花（金桂）25克
- **·调料·**　盐125克，小葱、老姜各50克，大红袍花椒2.5克，醪糟汁200克，胡椒粉1克，清汤2500克，踏水坊香油5克

· 制作 ·

1. 土麻鸭宰杀去毛，斩去小翅和鸭掌，清干净内脏后放入清水浸泡10分钟，洗净血水沥干水待用。

2. 将盐、醪糟汁调均匀，遍抹鸭身内外，将老姜拍破、小葱挽结后放入鸭腹内，再放入大蒸碗中，倒入清汤，加胡椒粉、花椒，加盖密封，入蒸笼，用旺火蒸1小时至熟，拣出姜、葱、花椒。

3. 再往蒸碗中放干桂花，搅拌均匀后加盖密封浸泡24小时，取出麻鸭斩成小条块，将原汁放入香油调匀，淋于鸭块上即成。

· 制作心得 ·

蒸土仔麻鸭时以刚熟为度，否则成形效果不好，影响口感。调料味不宜重，否则影响桂花的香味；桂花须用刚蒸好的鸭子原汤冲泡，鸭身须完全浸泡在汤汁中，才能达到鸭肉香嫩桂花味浓的效果。

黄峨小煎鸡

东风芳草竟芊绵，何处是王孙故园？

梦断魂劳人又远，对花枝，空忆当年。

——明·黄峨《玉堂客》

据说，状元杨升庵读到这首《玉堂客》散曲时，对作者黄峨的才情赞叹不已。

黄峨是四川遂宁人，明南京工部尚书黄珂之女，明代女文学家，与卓文君、薛涛、花蕊夫人并称"蜀中四大才女"。黄峨21岁时，父亲黄珂为她选中了婆家，同朝重臣杨廷和杨家，把黄峨许配给了杨廷和的儿子杨慎（升庵）。

1519年，黄峨与杨升庵结为伉俪，居住在新都毗邻桂湖、环境清幽的榴阁，民间也留下了这位状元夫人"上得厅堂，下得厨房"的有趣传说。

相传二人结婚不久，黄峨就随杨升庵到成都杨父购置的宅府，度过了一段虽然短暂却颇为惬意的时光。黄峨少时在老家遂宁随其母亲有过腌制泡菜的经历，到成都后，状元府中是少不了一坛泡菜的。每当杨升庵友人到府上拜访，众人把酒言欢之际，状元夫人黄峨都会端上一盘她亲自做的美味泡菜小煎鸡。客人食后无不拍手叫绝，后来这道菜流入成都市井，称"黄峨小煎鸡"。

其实黄峨所用小煎鸡之"鸡"是田鸡，四川人又称青蛙。田鸡肉质细嫩有弹性，烹制后味道鲜美，因此每当水稻收割季节，农人都喜欢捕食田鸡。

黄峨小煎鸡

（罗异 绘）

胡友国

国家高级中式烹饪技师（原特一级），注册中国烹饪大师，注册国家级裁判员，攀枝花市烹饪餐饮行业协会副会长，攀枝花市茶泡饭餐饮管理有限公司董事长。

代表菜品

孔雀双珍、菊花鱿鱼、萝卜小牛排、国宾红烧肉、松露开水白菜、松露鸡豆花、松露雪花鸡淖

　　1989 年，胡友国从攀枝花市饮食公司开始了自己的厨师生涯，拜师川菜泰斗史正良则成为他职业生涯的一次重要转折点。十年磨一剑，2000 年开始他先后斩获攀枝花市烹饪大赛金奖、全国川菜烹饪大赛银奖、全国烹饪大赛金奖、中国创新菜大赛特金奖等殊荣。2007 年中国烹饪协会授予他"20 年川菜发展突出贡献奖"。作为一代川菜精英，他有着强烈的使命感。他出版专著，坚守匠人精神，大力推广川菜，他编著的《家常川菜 600 道》《家常宴客菜 600 道》广获读者好评。2015 年 3 月他受国家文化部、中国烹饪协会等委派前往法国巴黎联合国教科文总部为中国美食"申遗"进行了菜单设计和现场表演。2018年他获评四川省第十三批突出贡献优秀专家。

　　胡友国设计制作的这道黄峨小煎鸡，深谙状元夫人之雅好，田鸡搭配私家泡菜，咸鲜微辣。一道家常菜肴经过他的精心烹制装饰，竟是这般清新脱俗，让人感慨万千。

黄峨小煎鸡 家常味

· **主料** ·　小田鸡（人工养殖）8 只（每只 80 克左右）

· **辅料** ·　丝瓜 300 克

· **调料** ·　（1）泡子姜、泡二荆条辣椒各 50 克，大蒜 20 克

　　　　　　（2）白糖、盐各 1 克，醋 5 克，生抽 3 克

　　　　　　（3）白香芹 30 克，小葱 25 克

　　　　　　（4）水淀粉、料酒各 25 克，菜籽油 1000 克

· 制作 ·

1. 小田鸡宰杀去皮，治净，斩去头爪，每只田鸡斩成四件备用。
2. 丝瓜刮皮保留青色部分，切成长条，去掉瓜瓤备用。
3. 泡子姜切象牙片，泡辣椒切马耳朵形，大蒜拍破成大颗粒状，白香芹和小葱切成小段。
4. 田鸡肉加盐、料酒腌制10分钟，再加水淀粉拌匀，放入烧至七成热的油锅中炸至七成熟，捞起备用。
5. 锅中留油，倒入调料（1）炒香后入料酒

和田鸡，中火烧3分钟，其间加入丝瓜一起略微翻炒，加入调料（2）调味，使丝瓜受热均匀并熟透入味，最后加入调料（3），用水淀粉勾芡收汁起锅即可。

· 制作心得 ·

此菜为两次加热成菜，所以在第一次下油锅时，炸到七成熟即可，否则肉质变柴，失去细嫩口感；根据口味要求，还可适当添加泡野山椒和鲜子姜。

李调元清蒸紫葳

十九月亮八分圆，七个才子六个颠。

五更四点鸡三唱，怀抱二月一枕眠。

——清·李调元《咏月》

据说江南大才子唐伯虎在川游历时曾出一联："画上荷花和尚画"，并出豪言"若有人能对出此对的下联，此人必是当今奇才！"这是一句七字对，无论正念反读音都一样，难怪唐伯虎要出此大言。最终是李调元对出了下联："书临汉帖翰林书"。

李调元是四川罗江县人，清代四川戏曲理论家、诗人。他与张船山、彭端淑合称"清代蜀中三才子"。家学渊源深厚、天赋异禀的李调元还被誉为"蜀中怪才"。

李调元的父亲李化楠，是清乾隆年间进士，曾在浙江余姚等地为官多年，著有一部《醒园录》食谱，书中记载了一百二十多道菜式。李调元在帮助父亲整理书籍的过程中，积累了大量厨艺知识。李调元五十多岁时被罢官后回到四川老家养老。他发现当地的紫葳特别多且品质好。但当地百姓多用清水煮紫葳，做法单一，时日一久便生厌了，这让腹揣百味食谱的李调元心有不甘。

这年春节前夕，李调元叫来众多乡亲，亲自给大家演示：将紫葳切块与糯米上笼蒸熟，然后用菜籽油翻炒成泥入盘，淋上蜂蜜，撒上脆花生米粒等成菜，众人品尝后赞叹不已。从此，这道"清蒸紫葳"成为当地百姓逢年过节时的上佳菜品。

紫葳是红薯的别称，明朝从南美洲传入中国，四川民间叫红苕。因红苕茎叶呈紫色，又长得葳蕤，故名紫葳。

李调元清蒸紫葳

（辜敏　绘）

代修川

国家高级中式烹饪技师（特一级），中国烹饪名师，德阳市餐饮饭店业协会副会长，德阳东电宾馆副总经理。

代表菜品

水晶小龙虾、菊花鱼线、丁香仔排、陈香大肉、回香果汁牛肉

　　代修川1985年进入德阳宾馆学厨。师从德阳名厨邓少卓，学艺五年，不仅让他拥有一身扎实的烹饪基本功，还从师父那里学到了师门祖传的国宴菜品烹饪技艺。他和他的团队先后研发出了"调元菜品""三国菜品""蜀香八大碗"等一系列体现传统文化、地方风味的菜品，其中一些菜品还被评为德阳名菜、四川名菜、中国名菜。2002年他参加首届中国川菜大赛获冷菜单项竞赛金奖；2011年参加第四届全国中餐技能创新大赛热菜项目获得特金奖。2015年他晋升为四川省国家职业技能鉴定高级考评员，2017年德阳市人民政府授予他"德阳首席技师"（德阳工匠）称号。他的创新菜品水晶小龙虾、菊花鱼线被评为中国名菜。

　　代修川熟读《醒园录》，专门研究开发过调元菜品。这道李调元清蒸紫葳，每一样辅料都是他精心挑选的。菜品入口后酥花生粒的香脆、冰糖渣的清脆混合紫葳的软糯，甜而不腻，令人满口生香，大快朵颐。

李调元清蒸紫葳 香甜味

· 主料 ·　紫葳 400 克

· 辅料 ·　糯米 100 克，酥花生碎粒 20 克，黑白熟芝麻、蜂蜜、冰糖渣各 5 克，蜜饯 10 克，陈皮 0.2 克

· 调料 ·　老黄糖 10 克，菜籽油 50 克

· 制作 ·

1. 将一小部分紫葳切成细丝，其余均切块；将切块的紫葳与泡好的糯米一同装碗，入笼蒸熟。
2. 菜籽油入锅烧至六成热，放入紫葳细丝炸至酥脆成紫葳松，盛出备用。锅中留油，将蒸熟的紫葳、糯米放入锅中反复翻炒，下入蜂蜜、老黄糖炒出香味后，盛入大白瓷盘中。
3. 将酥花生碎粒、黑白熟芝麻、冰糖渣、蜜饯、陈皮、紫葳松放入盘中即成。

· 制作心得 ·

蒸熟的紫葳炒制时火候的掌握尤其重要；注意要将紫葳炒至返砂，黄糖自然收汁，带一丝焦糖香味。

曹雪芹红楼茄鲞

满纸荒唐言，一把辛酸泪。

都云作者痴，谁解其中味？

——清·曹雪芹《红楼梦》

《红楼梦》这首开篇五言绝句，道尽了作者曹雪芹矛盾苦闷的心情。然而在极品吃货眼里，居然能生生从一个"味"字，联想到书里那道最著名的茄鲞，满眼都是可吃的美味佳肴。

曹雪芹祖籍辽宁，生于江宁（今南京）。他生性豁达，爱好广泛，对金石、诗书、绘画、园林、中医、织补、工艺、饮食等均有所研究。曹雪芹的祖父曹寅做过康熙帝的伴读和御前侍卫，后任江宁织造，极受康熙信赖。雍正六年（1728年），曹家因亏空获罪被抄家，曹雪芹也随家人迁回北京老宅。在这里，他完成了倾尽一生心血的旷世之作《红楼梦》。

茄鲞是《红楼梦》里最著名的一道菜，在书第四十一回中，贾母让刘姥姥品尝贾府的茄鲞。刘姥姥细嚼半天后问凤姐怎么做的。凤姐笑道："这也不难。你把才下来的茄子把皮签了，只要净肉，切成碎钉子，用鸡油炸了，再用鸡脯子肉并香菌、新笋、蘑菇、五香腐干、各色干果子，俱切成丁子，用鸡汤煨干，将香油一收，外加糟油一拌，盛在瓷罐子里封严，要吃时拿出来，用炒的鸡瓜一拌就是。"

这道著名的茄子菜被很多爱美食的"红迷"们模仿烹制，而作为八大菜系之一的川菜，又是如何解读演绎这道菜的呢？"曹雪芹红楼茄鲞"就是致敬从没有来过四川的美食家曹雪芹的。

曹雪芹红楼茄鲞

（李朝霞 绘）

曹靖

国家级中式烹调高级技师，注册中国烹饪大师，四川省烹饪协会常务理事，现任四川省旅游学校美食学院院长，四川省天味食品有限公司技术顾问。

代表菜品

翠根笋丝、孔雀迎宾、豆笋旱烧肉、一品海参、海鲜指耳面、鱼香茄鲞、泡椒鱼白、江团狮子头、泡菜花拼

　　曹靖1980年考取四川省旅游学校烹饪专业，得到陈彬如、刘诚等烹饪大师的指导。1982年他分配到成都市锦江宾馆膳食科，在此先后担任过冷菜、墩子、炉子组长，后被恩师陈彬如收至门下，并得到川菜大师张德善、陈志新等人指点。这期间，他曾多次主持接待国内外政要的国宴、大型自助餐、冷餐会。之后他辗转于国内十多家餐厅酒店担任厨师长、总厨，2009年赴非洲赞比亚事厨。1993年至今，曹靖在省级以上的杂志发表专业论文三十余篇，并接受《京华时报》等国内数十家媒体的专访，参与了《味道春秋》《川菜十八翁》《十二城味》等书籍的菜品制作。2009年取得中国烹饪大师称号。2013年10月获中国烹饪协会颁发的"中华金厨奖"。

　　鲞(xiǎng)，意为剖开晾干的鱼。曹靖大师制作这道"红楼茄鲞"，将川菜鱼香茄饼与粤菜咸鱼茄子煲二者有机结合，制作工艺上用传统打糁的技法，做工细致考究，古为今用而不失时尚风味，与《红楼梦》中茄鲞般食不厌精的执着有异曲同工之妙。

曹雪芹红楼茄鲞 鱼香味

- ·主料· 茄子 300 克
- ·辅料· 咸鱼 5 克，鸡蛋 1 个，鸡脯肉 30 克，鲜汤 200 克
- ·调料· 泡辣椒、醋各 25 克，姜、蒜各 8 克，红苕水淀粉 20 克，葱、盐各 6 克，白糖 15 克，料酒 2 克，菜籽油 150 克

·制作·

1. 茄子去皮切成条，上笼蒸熟后晾凉待用；咸鱼洗净，在冷水中泡半小时后捞出，切成细末待用。
2. 泡辣椒剁成细末，姜、蒜、鸡脯肉分别切成米粒大小、葱切成葱花待用。
3. 把咸鱼、鸡蛋、鸡肉粒加入蒸好的茄子内，反复搅打后再加入料酒、部分红苕水淀粉和匀制成茄泥。
4. 平底锅入油烧至六成热，把茄泥挤作圆子下锅，压扁成饼状，两面煎黄，入盘摆成两排待用。
5. 炒锅下油烧至五成热，下泡椒末炒出色，再加姜米、蒜米炒香，加入鲜汤烧开后，加入盐、白糖、醋、料酒、水淀粉对成滋汁下锅，收汁后加葱花，浇于盘中茄鲞之上即成。

·制作心得·

制作茄泥时一定要用黏合度高的红苕水淀粉，干湿度把握也十分重要，否则煎制时易散开不成形；另外对滋汁时切忌油太多。

将军鸡汁

共和成，虽死亦荣。共和不成，虽生亦辱。与其生受辱，不如死得荣。

——彭家珍《绝命书》

1902 年，成都金堂人彭复恒被推荐到成都尊经书院任教，14 岁的彭家珍得以随父亲到省城读书。求学时期，彭家珍常随家父去一家名为"徐氏鸡汁"的鸡汤铺一饱口福。

徐氏鸡汁既是菜名也是店名。但老板娘并不姓徐，菜名是她的举人爷爷替她取的，是说她家的鸡汁都是徐徐（慢慢）煨出来的，成菜后鸡形不变，却肉质软嫩；汤色清亮，却浓醇香烈。徐氏鸡汁为何更名将军鸡汁？且听我们徐徐道来。

因是常客，彭家父子与老板便也渐渐熟悉起来了。后来彭家珍在成都考入四川武备学堂，深谙养生之道的老板娘听说后，特地在汤中增添了强身健体的松茸，而且选用骟过的公鸡，使汤味更加鲜美，鸡肉也可口鲜嫩。这道菜不仅深得彭家父子喜爱，也引来家珍武备学堂的同学专程到此品尝。

1911 年秋，彭家珍在天津加入同盟会。1912 年 1 月 26 日晚，他暗藏炸弹对清廷干将良弼实施暗杀。爆炸中，彭家珍当场壮烈牺牲。仅十多天后，清朝皇帝退位，中国两千多年的封建帝制从此终结。孙中山高度评价彭家珍，追认他为"陆军大将军"。在他的家乡金堂还建有"家珍祠堂"。

徐氏鸡汁也因彭家珍曾经光顾而名声大噪，再后来，一干四川起义将领刘文辉、邓锡侯、潘文华等也慕名常常光顾，于是老板娘干脆放弃了自家老招牌，改名"将军鸡汁"。

将军鸡汁

（罗异 绘）

张元富

国家高级中式烹调技师（原特一级），中国烹饪大师，川菜"松云门派"创建人。

代表菜品

松云坛子肉、雪花鸡淖、苕菜狮子头

张元富的厨师生涯起始于部队食堂。1990年，他在参加成都市饮食服务公司举办的厨师培训班时，与讲师、川菜大师王开发相遇并结缘。悟性高、勤钻研、擅出新的张元富深得师父的喜爱，并得其厨艺真传。他先后在"大四川""巴国布衣""故乡缘"等知名餐饮企业担任行政总厨，逐渐扬名成都餐饮江湖。他创立了"悟园""轩轩小院"等餐饮名店，并涉足川菜器皿研发制作。2017年10月，他与师父联手开办了松云泽包席馆。2018年，松云泽荣获黑珍珠餐厅指南一钻。他是四川省第五届烹饪职业技能大赛传统川菜技术顾问及监审仲裁。张元富对川菜充满敬畏之心，他崇尚"见材做菜"，他说自己这一辈子就想做好两件事：美食、美器。

这道"将军鸡汁"的做法源自老川菜中的一道名菜——鸡牛汤。它是一道功夫菜，也是松云泽的当家菜之一。为了更加生动地体现"将军鸡汁"的故事意境，张元富大师特地在汤中加入了四川雅江松茸。成菜汤色清亮，汤味浓郁，鸡鲜、牛鲜、鱼鲜、松茸香诸味协调，各擅胜场，相得益彰，名不虚传。

将军鸡汁 咸鲜味

- **主料**　三年老母鸡1只
- **辅料**　鲜松茸150克，土鲫鱼1条，松潘牦牛肋条500克
- **调料**　盐4克，老姜30克，大葱白20克，浓香型高度白酒10克

· 制作 ·

1. 老母鸡治净，锅内烧水，放一半量的老姜和大葱白熬至出味，再放入5克白酒。放入老母鸡汆水至血水除尽，然后分别将牛肉、鲫鱼汆水。

2. 将处理好的鸡、牛肉放至盆中，流水冲漂，将残余血水进一步清理干净。牛肉改刀成块，鲫鱼装于纱布袋中。

3. 将主辅料以及余下的调料放入砂锅中，添足水置于火上，烧开后撇尽浮沫，转小火炖3小时即成。

· 制作心得 ·

此菜关键在于鸡汤中加入牛肉和鲫鱼使得汤味道丰满，营养也更加丰富；加入松茸的目的是提高汤的香味，丰富菜品的味觉体验。

张大千君子鸭

以艺事而论，我善烹调，更在画艺之上。

——张大千

如果你听到这话出自二十世纪中国画坛最具传奇色彩的绘画大师张大千之口，千万不要莫名惊诧，也许情况真的如此。

张大千是四川内江人，中国泼墨画家、书法家。他与二哥张善子创立"大风堂派"，创新艺术。尤其是他们的泼墨与泼彩，更是开创了全新的中国绘画艺术风格。其诗、书、画与齐白石、溥心畬齐名，故又并称为"南张北齐"和"南张北溥"。

绘画之余，张大千酷爱美食，喜亲自下厨做菜，厨艺高超。在他眼里，搞艺术的如果连吃都不懂且不会欣赏，又怎能搞好艺术。

达人知味修食谱，君子焉能远庖厨。这里讲述的是一个张大千与徐悲鸿的美食趣闻轶事。

据说徐悲鸿当年吃了"以菜名比作名画，又以名画来创作菜名"的"大千风味"菜肴后，感慨道："大千，蜀人也，能治蜀味；大千，君子也，不远庖厨。"张大千听闻后非常高兴，大赞："知我者，悲鸿也！"

一次，徐悲鸿登门拜访，张大千不仅亲自下厨，还将自己做的一道鸭子菜起名"君子鸭"，专门请徐悲鸿品尝。徐悲鸿品尝后感慨万千，脱口说道："君子鸭可以流传久矣。"张大千听后拊掌大笑，再次说道："知我者，悲鸿也！"

之后，张大千在居所青城山，甚至在巴西、美国等地大宴宾客时，都少不了这道"君子鸭"。从此以后，"张大千君子鸭"也随他闻名海内外。

张大千君子鸭

（刘德亮 绘）

刘汉忠

国家级中式烹调高级技师、中国烹饪大师、四川省技术能手、
内江市餐饮烹饪协会常务副会长。

代表菜品

喜鹊登梅、陈皮兔丁、牡丹敲虾、家常牛头方、八宝凤凰卷

　　刘汉忠 1985 年学厨，师从内江名厨邢光镛。作为内江市饮食服务公司民乐大厦挂牌师傅，邢光镛对自己的弟子要求十分严格，有时甚至到了苛刻的地步。而刘汉忠明白"严师出高徒"，他心无旁骛，一心学艺，因为表现突出，成为重点培养对象。 1992 年，刘汉忠获得了成都锦江宾馆、四川烹饪高等专科学校的进修学习机会，这令他眼界更加开阔，理论知识也更加丰富。1994 年开始，他先后在内江宾馆、长江长大酒店、飘香园林饭店、上海宝钢集团招待所、奥运冠军田亮公司事厨，从冷菜组长一路做到餐饮总监，并不负师父厚望，成为新一代内江名厨。2007 年，刘汉忠创建了自己的餐饮品牌"舌间流情私家菜"酒楼，挂牌经营至今。

　　这道张大千君子鸭，出自内江名厨刘汉忠之手。他精选喂足 365 天的鸭子烹制而成。成菜干香而滋润、鸭肉紧实而不柴，称之为"大千美食"名副其实，是大千私家菜之精品。

大千君子鸭 家常味

- ·主料· 　鸭子半只
- ·辅料· 　泡椒末 50 克，小青椒 60 克，菜籽油 75 克，泡红椒、化猪油各 10 克
- ·调料· 　花椒、中坝酱油、料酒各 5 克，子姜片、大葱各 50 克，白糖 2 克，盐、
　　　　　醋各 3 克，独蒜片、水淀粉各 10 克

· 制作 ·

1. 将鸭子治净斩条，泡红椒、小青椒、大葱均切成马耳朵形待用。

2. 鸭条加盐拌匀码味，水淀粉加入酱油、白糖、醋搅匀对成滋汁备用。

3. 炒锅置旺火上，倒入菜籽油、化猪油烧至七成热，下入鸭条爆炒至水分略干后，烹入料酒，放入花椒、泡椒末、独蒜片

炒香，再下入切好的泡红椒、小青椒、大葱和子姜片炒匀，将备好的滋汁烹入后起锅装盘即成。

· 制作心得 ·

鸭一定要选用1年的鸭子。

朱自清穿树月朦胧

月光是隔了树照过来的，高处丛生的灌木，落下参差的斑驳的黑影，却又像是画在荷叶上。塘中的月色并不均匀，但光与影有着和谐的旋律，如梵婀玲上奏着的名曲。

——朱自清《荷塘月色》

"不爱美食，怎么好意思当作家？"作为《荷塘月色》的作者，中国近代散文家、诗人、学者，曾担任清华大学中国文学系主任的朱自清，诠释了什么是一名学霸与一枚地道吃货的完美统一。

朱自清是成都女婿。1932 年，朱自清在上海迎娶了他的第二任妻子成都才女陈竹隐。1940 年 8 月后，朱自清全家搬到成都。

朱自清的家在成都东门外宋公桥附近的一座居民院里，是新搭建的三间茅草屋，傍林而居。虽然条件简陋，但丝毫没有影响他的生活情趣。

一个秋日的夜晚，如银的月光勾起他对清华园的思恋。妻子见此情景赶紧转移话题，她指着夜空中穿树而行的圆月吟诵道："月朦胧，鸟朦胧，帘卷海棠红。"果然，朱自清听罢心情顿时好了许多。

原来，多年前著名画家马孟容以朱自清喜爱的月夜、海棠为题，画了一幅独具匠心的花鸟画赠给他，并请他题诗。朱自清欣喜之余作名篇《月朦胧，鸟朦胧，帘卷海棠红》回赠，一时传为文（画）坛佳话。

有影林间穿树月，无形蓝天过瑶风。这道"穿树月朦胧"是和着朱自清清雅的诗句构想出的意境菜，成菜后圆圆的煎蛋饼中镶嵌着青色的菜叶、椒圈，好似树叶穿月，朦朦胧胧。

朱自清穿树月朦胧

（黄晓娟 绘）

熊江黎

国家级中式烹调高级技师，四川省烹调技术能手，成都市技术标兵。

李万民

国家高级中式烹调技师（原特一级），国家级一级评委，中国烹饪大师，中国烹饪协会副会长，四川省烹饪协会副会长，成都市总工会李万民川菜大师工作室主任。

　　熊江黎师从李万民大师，2005 年毕业于四川省烹饪高等专科学校中餐系烹饪工艺专业。2007 年 9 月进入成都市财贸职业高级中学，担任中餐烹饪专业课教师。期间先后在多家餐饮企业担任技术总监。熊江黎擅长新派川、粤菜的制作及厨政管理，拥有丰富的实战经验和创新意识，熟练掌握十多种烹饪特技。曾多次担任主厨参与重要接待，是四川省唯一一个中餐热菜、凉菜、食品雕刻、花色冷拼均获得过金牌的全能烹饪冠军。他多次受成都市外事侨务办公室邀请，先后到新加坡、马来西亚、菲律宾、澳大利亚、日本等地表演厨艺特技，参与川菜技术交流活动。

　　咏月是我国历代文人墨客情有独钟的一种情结，并在璀璨的文学星空中有着一块蔚为壮观的领地。"朱自清穿树月朦胧"是一道意境菜：圆圆的月亮，青青绿叶，清爽静谧，令人遐想。李万民大师指导其弟子熊江黎用传统的川菜无油煎制法来呈现，看似简单却暗藏玄机。

朱自清穿树月朦胧 咸鲜味

· 主料 ·　　土鸡蛋 3 个

· 辅料 ·　　青椒、韭黄各 20 克，红椒、芹菜各 10 克，小葱 5 克

· 调料 ·　　盐 2 克，胡椒粉 1 克，菜籽油 20 克

· 制作 ·

1. 将青椒、红椒切成小圈，韭黄、芹菜、小葱切成黄豆大小的粒。
2. 鸡蛋打入碗中调散，随即加入切好的辅料，调入盐。
3. 炒锅用油炙好后，倒出锅中的菜籽油，改小火，将鸡蛋倒入锅中摊成鸡蛋饼，装盘即可。

· 制作心得 ·

在煎蛋时切忌用油，油只用于炙锅，同时不能加淀粉，否则会影响口感；火候控制非常重要，温度过低不易成形，过高容易煳，影响味道和色泽。

郭沫若与半月沉江

三洞桥边春水深，带江草堂万花明。

烹鱼斟满延龄酒，共祝东风万里程。

——郭沫若

郭沫若是四川乐山沙湾人，现代文学家、历史学家、新诗奠基人之一。他对烹饪文化颇有研究和见解，他认为烹饪应属于文化范畴。我国历史文化悠久，烹调是劳动人民和专家们辛勤地总结了多方面的经验，累积起来的一门艺术。

1954 年，郭沫若到四川成都考察永陵。永陵，是中国少有的建筑在地面上的皇帝陵墓。之前，一直传说此处为司马相如的抚琴之处，人们习惯称之为"抚琴台"，直到 1942 年，考古学家对此地进行了一次科学发掘，经过研究，证明此土台为前蜀皇帝王建之陵墓。作为历史学家，郭沫若看到从王建墓挖掘出的大量珍贵文物之后，欣喜若狂，当晚便与考察人员在永陵附近三洞桥头一家川菜老字号带江草堂里召开庆祝宴会。

众人开怀畅饮并将美味佳肴一一品尝之后，皆有醉意。此时，一道甜汤菜端了上来，服务员告知这是一道醒酒汤，于是大家纷纷欲饮之。有人提议请郭沫若为这道菜命一个名字，兴奋且醉意朦胧的郭沫若看着汤碗中若干半月形的水果切片，又看看窗外小河上空的一弯弦月，联想到店名带江草堂，于是将之命名为"半月沉江"。

至此，这道传统名菜经过大文豪郭沫若的点睛命名而名动四方，"半月沉江"也成为带江草堂的镇店菜之一，流传至今。

郭沫若与半月沉江

（蒋沛杉 绘）

赵惠忠

特级厨师，带江草堂·邹鲢鱼经理，中华老字号继承人。

带江草堂·邹鲢鱼代表菜品

大蒜鲢鱼、麻辣大口鲢、太白酱肉、土豆烧甲鱼、双椒掌中宝、山珍鱼头汤、滋补龟凤汤、半月沉江、鲜锅子姜兔、干锅排骨虾

这道郭沫若命名的半月沉江，其制作方法源自传统川菜精品——醉八仙，经过店家的改进，加之大文豪的命名，已成为带江草堂·邹鲢鱼的保留菜品。多姿多彩的果片似一轮明月半沉半浮漂荡盆中，赏心悦目，温润可口，属川菜中不可多得的精美甜品。

半月沉江 甜香味

· 主料 · 苹果半个，雪梨半个，杧果半个，猕猴桃 1 个，香橙 4 瓣，小番茄 2 个

· 辅料 · 鹌鹑蛋 4 枚

· 调料 · 白糖 10 克，醪糟汁 20 克

· 制作 ·

1. 将主料去皮，切成半月形小薄片，鹌鹑蛋煮制成荷包蛋备用。

2. 净锅加水，下白糖熬成糖水，加入醪糟汁，放入切好的半月形水果薄片和鹌鹑荷包蛋，烧沸后盛入盆中即成。

· 特点 ·

果料丰富多彩，味道香甜可口、沁人心脾。

李劼人兰香薰兔

成都平原沃野千里，是天府之国的中心城市，米好，猪肥，蔬菜品种多而味厚且嫩，故成都多小煎小炒，而以香、脆、滑三字为咀嚼上品。

——李劼人

《成都通史》有一个章节谈"作家对城市文化的影响"，其中说李劼人是作家，也是大学教授、民俗学者、饭馆老板和住宅设计师。他之于成都，不亚于老舍之于北京。他的《旧账》记述了成都的风土人情、城市街道、土产佳肴、历年市场的油盐柴米酱醋茶及各种食品的价格涨落情况。在李劼人的身上和笔下，甚至可以看到几分成都历史文化的缩影。

作为一名川菜达人，李劼人曾亲自开过一家饭馆名为"小雅"，名传一时。他不仅擅烹饪，还精于菜品研讨、品评菜品和论道。"兰香薰兔"的故事，就发生在李劼人留学法国期间。

在巴黎勤工俭学期间，李劼人因烹饪技艺好，同学、好友都喜欢与他"搭伙"过日子。一天，李劼人突发奇想，非常想吃家乡成都的薰兔，就叫好友李璜去买花生。因为在他的记忆中，一定要用花生壳薰出来的兔肉才有种独特香味。可是法国不产花生啊，到处都买不到。不过一想到善烹的李劼人要亲自制作薰兔，李璜还是拿着画的花生图样，跑遍了巴黎，最后在郊外一个吉卜赛人手中买到两斤花生。

花生终于买回来了，李劼人将花生仁用油炸酥下酒，花生壳用来薰兔。就这样，花生壳不仅薰出了美味兔肴，还薰走了大家的浓浓乡愁。此菜因在法兰西制作，所以人称"兰香薰兔"。

李劼人兰香薰兔

（黄小明 绘）

张伟川

国家高级中式烹调技师，中国烹饪名师，中国饭店协会青年名厨委员会副主席。

代表菜品

缠丝肉蟹、葱汤虾球、荷香小米骨、菜根老坛子、泡椒墨鱼仔、泡菜半汤鳜鱼

1984年张伟川以优异成绩考上了四川省饮食服务技工学校，两年后以全班第一名的成绩毕业，分配到成都市旅游公司，后进入锦江宾馆实习。他在上海希尔顿国际饭店做了五年川菜厨师长后，又在1995年报考了四川烹饪专科学校，学成毕业后，他如虎添翼，先后在银杏酒楼、卞氏菜根香等宾馆、酒店担任厨师长、总经理等工作，特别是在卞氏菜根香期间，他开发出的"菜根老坛子""泡椒墨鱼仔"等特色川菜享誉海内外。2003年，在成都餐饮界名气已经很大的他，毅然东渡日本学习、工作了两年，为自己的职业生涯增添了不可多得的经历，也令他在成本控制、菜肴标准化和文化包装方面形成了自己独到的理论和见解。

张伟川是著名川菜大师卢朝华的爱徒，这道兰香熏兔，就是师徒二人联手烹制的杰作！兰香熏兔最初的食谱出自卢朝华大师的师父——著名川菜老前辈张德善的口述，几经整理和变迁。如今我们看到的制作食谱，已经在原有基础上稍事调整，当然也更让人期待。

兰香熏兔 烟香味

· 主料 · 水盆兔1只

· 辅料 · 香料（八角、桂皮各20克，沙姜、小茴香各15克，草果、香叶各10克），茶叶20克，花生壳400克，果木屑500克

· 调料 · 花椒、料酒各15克，盐、踏水坊芝麻油各10克，绍酒250克，姜片、大葱段各100克，干辣椒段50克，菜籽油2000克，胡椒粉、白糖各5克

· 制作 ·

1. 将兔子治净去骨，外形保持完整，加入盐、胡椒粉、绍酒、料酒、姜片、大葱段、花椒、干辣椒段揉均匀码味，并在肉厚的部位用细铁签刺几下便于入味和在后续炸制时受热均匀成熟度一致。

2. 腌制 1 小时后，取出兔子，拣去表面调料渣，锅中倒入菜籽油烧至六成热，下腌制好的兔子慢慢浸炸成金红色表面微酥时捞起。

3. 将香料碾成碎渣，空锅烧至七八成热时下香料渣、白糖、茶叶、花生壳、果木屑，待烧出较浓的烟时，上面放一竹笼，放入兔子盖上锅盖，用小火熏 3 分钟左右关火，再闷 5 分钟取出，趁热刷上芝麻油，改刀装盘即成。

· 制作心得 ·

兔子要腌入味，每 15 分钟要翻动一次；炸制时要用低油温慢慢浸炸，熏的时间要足够。

李劼人巧拌七姊妹

这种用五香卤水煮好，又用熟油辣子和调料拌得红彤彤的牛脑壳皮，每片有半个巴掌大，薄得像明角灯片；吃在口里，又辣，又麻，又香，又有味，不用说了，而且咬得脆砰砰地极有趣。

——李劼人《大波》

1939 年，为了躲避日军的空袭，李劼人在成都东郊的沙河堡自己修建了一个草屋居住，他将此屋命名为"菱窠"。李劼人先生在这里居住了 24 年。"菱窠"如今已成为成都市郊一个著名景点。

李劼人有一个习惯，一旦动笔开始写作，就进入一种忘我的状态，写起来不分白天黑夜，废寝忘食。他的夫人杨叔捃心疼他，于是，常去家附近的集市购买白面锅盔（烤制的面饼），放在他的案头，以方便随时拿起来就可以吃。

为了让丈夫能多吃一点锅盔保持体力与脑力，夫人就从自家的菜园子里面采来各种蔬菜，洗干净，用调味品拌好，与锅盔放在一起，让李劼人在吃锅盔的时候，用来调味佐餐。谁知道李劼人一吃这个凉拌的蔬菜就停不下来，非得吃完一大盘蔬菜才罢休。

有一天，李劼人写作之余，问夫人道："夫人，这凉拌菜真好吃，叫什么名字啊？以后，我出去也好点这道菜请朋友吃啊。"夫人笑了，心想这道菜就是自己在园子里面采的菜混合在一起凉拌的，哪里有什么名字，不过，这段时间园子里面可供自己采摘来做凉拌菜的蔬菜就是七种，于是灵机一动说道："这道菜叫作巧拌七姊妹。"

因为李劼人爱吃，这道家常凉菜"巧拌七姊妹"就这样在成都文人圈中流行开了。

李劼人巧拌七姊妹

（毛大芬 绘）

包奕燕

中国烹饪大师，国家级烹饪评委和裁判，四川旅游学院烹饪教授，四川省人力资源和社会保障厅高级考评员及比赛评委，现为四川旅游学院工会常务副主席。

包奕燕是四川旅游学院烹饪学教授，致力于烹饪专业教学工作，长期丰富的烹饪教学实践使其成为享誉国内烹饪领域的权威专家。工作之余他还先后参与多家餐饮企业策划、技术指导、顾问及管理工作，累积了丰富的餐饮实践经验。他参与了厨政管理师国家职业标准的开发，参加了劳动部《中式烹调师操作技能考试手册》等专业书籍的编写。他是四川烹饪高等专科学校系列专业教材的总编辑。他还是四川省首届"工匠杯"技能大赛中烹项目裁判长，四川省首届川菜大赛评委，四川省第三、第四、第五届烹饪大赛评委，成都市百万青工技术大赛评委，全国职业院校烹饪大赛评委，四川省川菜创新大赛评委等。

这道"巧拌七姊妹"是一道凉拌菜，也是李劼人先生喜欢的一道素菜。此菜选用天然时令的蔬菜或野菜，以酸甜味为主，略带香辣，突出时蔬清香嫩脆的本味，极为爽口。

巧拌七姊妹 酸甜味

· 主料 · 芹黄、折耳根、洋葱、茼蒿各 100 克，香菜、青椒、香葱各 75 克

· 辅料 · 熟白芝麻 5 克，酥脆花生 20 克，藿香 25 克

· 调料 · 盐 4 克，白醋 12 克，白糖 3 克，干红辣椒、踏水坊香油各 10 克，菜籽油 20 克

1. 将主料和藿香分别择洗干净，用淡盐水浸泡 5 分钟，沥干水分。

2. 将主料和藿香均切成粗丝。酥脆花生压碎，干红辣椒切细丝。

3. 先将茼蒿放入高脚窝盘内，再将剩余主料混合拌匀后，放在茼蒿上面。

4. 将盐、白醋、白糖、香油调成咸酸味汁，淋在原料上，撒上花生碎、熟白芝麻，放入干红辣椒丝，浇上少许烧热的菜籽油将干红辣椒丝烫香即成。

此菜也可以选择七种以上的有质感、色彩鲜明、味道特殊的原料，但需注意不要太突出某一种，味道应互不压抑，如藿香味浓就可少用点。调味不用有色调料，体现食材的天然色彩。

·特点·

咸酸为主味，花生和熟芝麻的脆香味，加干红辣椒丝略带香辣味形成多层次味道。咸酸爽口，酥香脆辣，配食现做的热锅盏，风味别致，故有巧拌巧食之意。

巴金琥珀桃仁

往事依稀浑似梦，都随风雨到心头。

让我的痛苦，我的寂寞，我的热情化成一行一行的字留在纸上。我过去的爱和恨，悲哀和欢乐，受苦和同情，希望和挣扎，一齐来到我的笔端。

——巴金

巴金是四川成都人，现代文学家、翻译家，被誉为"五四"新文化运动以来最有影响的作家之一。在他漫长的写作生涯中，因为体力与脑力消耗太大，身体一直很虚弱。他的夫人在情急之下，根据民间核桃补脑的说法，买来很多核桃给巴金补脑。核桃虽然是很好的补脑食品，但长期大量食用，难免生厌，但是，巴金又不忍拂了夫人的美意，只好皱着眉头坚持吃。

这一天，巴金吃核桃的时候，偶然看见旁边摆着一碟糖，顿时想起幼时随父（巴金父亲曾任广元知县）在四川广元生活时，曾经看到哥哥们用核桃蘸糖吃，自己因为年幼要护牙，母亲不许他那样吃核桃。想到此，他不由童心大发，也用核桃蘸着糖吃了一口，发现蘸了糖的核桃风味大变，十分可口。于是夫妇二人就用了好几天时间，终于"研制"出一种既可口，又犹如琥珀一般美观的核桃零食。从此，巴金的案头随时都有这么一碟核桃，他伏案写作时，时不时拿起吃一点，既补充脑力与体力，也调剂单调的写作生活。

由于经常吃这种核桃，即使是长时间地写作，他也不觉得太累了。随着时间的推移，常去巴金寓所的朋友们也爱上了这种美味的小食品。渐渐地，这种食品被朋友们带出了巴金的书斋，走向了外界，再后来，人们就将这种食品称作"巴金琥珀桃仁"。

巴金琥珀桃仁

（尹乐 绘）

徐孝洪

四川旅游学院烹饪教授，注册中国烹饪大师，赤香、银芭、南贝餐饮品牌创始人，香港厨艺交流协会荣誉顾问，世界中餐业联合会第六届理事会理事，美国中餐学会成都分会会长。

代表菜品

妙龄乳鸽配汉源贡椒、天府坝王鱼、灯影苕片配鹅肝酱

　　作为一名烹饪学教授，徐孝洪始终追寻着世界餐饮发展潮流。而作为数个餐饮品牌的创始人，他不断地尝试将传统川菜与现代先进的烹饪技术进行有机结合，这也让他的匠心川味餐厅——银芭表现惊艳：在全球1000家杰出餐厅排名中，银芭位居全球第328名，中餐第16名；2019年起，银芭连续两年获得黑珍珠一钻。近年来徐孝洪致力于川菜的国际交流。2016年他带领团队参加第八届中国烹饪世界大赛斩获团体金奖。2018年12月，徐孝洪走进法国巴黎费朗迪高等厨艺学院，讲授"川菜之美"，同月，受邀参加博古斯烹饪大赛，为评委及嘉宾展示"匠心川味"。他于2017年荣获"第十四届成都美食旅游节突出贡献奖"，2018年荣获天府杯"世界川菜领军人物"称号。

　　俗话说：熬糖煮酒，充不得老手！而这道巴金琥珀桃仁的技术难点就在于熬糖裹浆。妙手刷出的雪白糖丝圈如鸟巢般呵护着桃仁，色如高贵之琥珀，味赛香脆之花生。徐教授的这款"匠心川味"，别出心裁，甜美温馨。

巴金琥珀桃仁　香甜味

· 主料 ·　核桃仁 250 克

· 辅料 ·　白糖 100 克

· 调料 ·　盐 5 克，菜籽油 2000 克（实耗 10 克），天车甜面酱 10 克

1. 将核桃仁放在适量的沸水中浸泡 10 分钟，用牙签剔去皮膜。
2. 锅里菜籽油烧至 120℃时下入去皮的核桃仁炸至酥脆捞出待用。
3. 在小锅中加入白糖和适量清水，用小火煨制，待糖液出现大泡套小泡时，用炒勺将糖液从高处流下挂霜，加入天车甜面酱和匀。

4. 将核桃仁倒入糖液中，用铲子慢慢翻动，将糖液粘裹在核桃仁上，冷却返砂即可。

· 制作心得 ·

控制好烫核桃仁的时间，不宜过长；炸核桃仁的温度不宜过高；熬糖液用小火并且火焰要位于锅中心；掌握好倒入核桃仁的时机。

贰

调味故事篇

自贡井盐

长筒汲井熬雪霜，辘轳咿哑官道旁。

——宋·陆游《入荣州境》

盐，被誉为"百味之王"。位于自贡市富顺县的富世井，被认为是自贡历史上的第一口盐井。两千年前，生活于此的先民偶然发现了两亿年前"埋藏"于此的盐卤。而这口井的发现者是一位叫梅泽的獠族人。

东汉汉章帝年间（公元76年–88年），人们在梅泽发现盐泉的地方（今富顺县城关镇）开凿出盐井，标志着自贡井盐业的开端。梅泽也先后被封为金川王、通利侯，被供奉于井神庙中，成为自贡盐业的始祖和井神。

到了南北朝时期，富世井在蜀中以产量高、盐质好而闻名遐迩，并促使政府在北周武帝天和二年（公元567年）以富世盐井为中心设置了富世县，这是四川省内第一个因盐设置的县。

到了宋代，富世县又改为富顺县。公元1174年，陆游奉诏由崇庆府（今崇州市）到绍熙府（今荣县）摄理州政。他经成都南下至资州乘船，沿沱江进入富顺县。入荣州时，他写下"长筒汲井熬雪霜，辘轳咿哑官道旁"的诗句，咏颂当时自贡地区吸卤熬盐盛景，更以"若荣州则井绝小，仅容一竹筒，真海眼也"赞叹其盐井开凿技术领先于当时。

自贡井盐不仅是加工腌制食品的主要调料，而且还广泛地用于川菜的各种味型。大厨们在烹调中还常利用盐的渗透压除去原料中的苦味或涩味。盐还是用传统方法制作面点时增强面团筋力、调节发酵速度的"帮手"。

自贡因盐业的鼎盛而"富庶甲于蜀中"，丰富的盐文化积淀还造就了川菜的一个重要派别——自贡盐帮菜。

自贡井盐

（欧小红 绘）

何伟

高级中式烹调技师，中国烹饪大师，自贡市水煮牛肉传承人，蜀江春龙湖印象酒楼行政总厨。

代表菜品

水煮牛肉、农家茄子、百花齐放、御膳盐焗鸡、川式粉丝捞虾球

    2015 年，从厨已达十七余年的何伟获得"四川省劳动模范"的称号。天道酬勤，他有幸得到了水煮牛肉创始人范吉安大师的嫡传弟子——自贡名厨闻育才、陈礼德的指点。在传承传统技法的同时，他也在不断地思考：如何在保证传统口味的同时，优化加工工艺，减少水煮牛肉的油量，更符合现代人追求健康、时尚的饮食潮流。为此，何伟付出了异于常人的艰辛和努力。他认为，传承盐帮菜是责任，推动盐帮菜走向全国乃至全世界更是使命！2017 年，何伟在当地政府的支持下创建"何伟劳模创新工作室"，这个年轻的团队通过长期一线的实践经验和对水煮技法的归纳、总结和完善，推出一系列新派水煮技法的创新菜品。

    水煮牛肉是川菜盐帮菜最经典的代表菜品。作为自贡市水煮牛肉传承人，何伟采用古法烹饪，令牛肉不加松肉粉而口感细嫩。品尝后惊叹之余令人感慨：水煮之法实乃川菜一绝技耳！

水煮牛肉 麻辣味

- ·主料· 牛里脊肉 250 克
- ·辅料· 青笋片 150 克，芹菜段、蒜苗段各 50 克，蛋清 1 个，红苕淀粉 30 克
- ·调料· 郫县豆瓣 15 克，刀口椒 10 克，麻辣红油 150 克，姜末 30 克，蒜末 20 克，花椒 2 克，花椒面 3 克，葱花 10 克，井盐 4 克，白糖 3 克，踏水坊香油 2 克，菜籽油 100 克，化猪油 50 克，高汤 400 克

·制作·

1. 牛肉切柳叶片，拌入蛋清上浆，再码上1克盐，加入麻辣红油。

2. 锅上火，加菜籽油、化猪油烧至四成热，放入花椒、郫县豆瓣、姜末炒香，下刀口椒炒香，倒入高汤，加入3克盐调味。

3. 烧开后，放入青笋片，微滚后放入牛肉片，用筷子拨散，加入蒜苗段、芹菜段，调入麻辣红油、香油、白糖后起锅装盘。

4. 撒蒜末、葱花，将少许菜籽油烧热淋上即可。

·制作心得·

牛肉突出麻辣，兼有鲜香嫩滑，上浆不可太多或者过少。一锅成菜，直接煮至九成熟，此菜油较多，还有后熟过程。

汉源贡椒

黎风雅雨好花椒，到得成都制作高。

穿插成珠香串串，平安如意费心劳。

——清代《成都竹枝词》

花椒，古时称椒，最早有文字记载是在《诗经》里："有椒其馨，胡考之宁。"在先秦时代，花椒被认为是人与神沟通的桥梁，《楚辞》云："巫咸将夕降兮，怀椒糈而要之。"王逸注："椒，香物，所以降神。"

将花椒作为调味品，首见于三国陆玑的《毛诗草木鸟兽虫鱼疏》，其中写道："椒似茱萸……蜀人作茶、吴人作茗，皆合煮其叶以为香。"把花椒放上餐桌，堪称中餐的一次大冒险。历史地理学家蓝勇曾对历代菜谱做过研究统计，得出一个结论，古代花椒入菜的比例远远高于今天，唐代菜谱中使用花椒的比例竟然高达四成。

中国是花椒的原产地，尤以四川汉源种植花椒历史悠久，声名远播。汉源县古名笮都，属蜀国。据汉源《曹氏家谱续》卷二记载，早在公元前111年，"夷人以红椒、马同汉人交换盐和布"，表明有文字记载的汉源花椒栽培历史已达两千多年。唐朝元和年间（公元806年－820年），汉源花椒就被列为皇室贡品，列贡时间长达一千多年，故汉源花椒又被称为"贡椒"。

汉源花椒真正走上百姓餐桌是在清光绪二十七年（公元1901年）。时任清溪县知县雷橡荣，为人正直，他了解到本县乡役借缴贡椒之机，徇私舞弊，椒农苦不堪言，便上书朝廷力主花椒免贡。在建黎乡境内免贡碑至今犹存。从此，汉源花椒不再纳贡，开始走入寻常百姓家，并成为四川百姓餐桌上不可或缺的调味品，担当调味重任，更被誉为川菜调料八珍之首。

花椒是川菜重要的调味品，是麻辣、椒盐、椒麻、煳辣、怪味等味型的主要调料。此外，花椒还具有除味增香的特点，可作为香料用于煮、炖、卤、盐渍等菜式。

汉源贡椒

（王婷 绘）

蓝其金

中式烹调高级技师（原特一级），首批注册元老级中国烹饪大师，餐饮业国家级评委、裁判员，原四川省政府金牛宾馆副总经理。

代表菜品

叉烧酥方、家常海参、葱烧鱼肚、鸡豆花

　　1959年，蓝其金在家乡四川什邡县参加工作，开始了自己的学徒生涯。1963年他调入什邡县委机关食堂。由于他川菜烹饪技术出类拔萃，1974年被调入四川省人民政府金牛宾馆。在这里，他有幸得到不少川菜前辈们的指点，如曾国华、廖志仁、李世均、朱维新等，至今心存感恩。1984年他被公派德国三年。1987年回金牛宾馆工作至2005年退休。在近五十年的餐饮工作实践中，他坚持传统与创新并重，将营养学、美学及养生有机融入烹饪之中，研发出了一批极具价值的川菜佳肴。他曾多次参加国宴和大型宴席烹饪制作及指挥管理工作，并数次随党和国家领导人到访问地烹制菜肴，其高超的技艺和认真负责的敬业精神得到各方好评。他是首批注册的中国烹饪协会元老级中国烹饪大师，并曾任四川省政协第六、第七届委员。

　　花椒兔丁是川菜传统经典菜肴。花椒的用量、糖色的熬制和兔丁的炸制收汁是此菜的技术关键。蓝大师制作的这道菜味道独特，烈而不燥，花椒味浓厚而舌头不感觉麻木，大师的烹饪功力由此可见一斑。

花椒兔丁 　糊辣味

· 主料 ·　去皮鲜兔600克

· 辅料 ·　花椒6克，干辣椒50克，生姜15克，葱25克

· 调料 ·　盐13克，料酒25克，踏水坊香油15克，糖色15克，鲜汤100克，菜籽油1000克（实耗300克）

·制作·

1. 将去皮鲜兔去骨，斩成小丁，干辣椒切段，姜切片，葱切段。
2. 将斩好的兔丁放入盆内，加入盐、料酒、姜片、葱段码味腌制20分钟。
3. 菜籽油入锅，油温烧到六成热时将腌好的兔丁投入，炸至断生捞出，去掉葱、姜，将油温烧到八成热时再将兔丁投入，炸至外酥里嫩呈金黄色时捞出。
4. 锅内留油，将干辣椒段、花椒投入，炸至呈棕红色，将兔丁投入微炒，加入鲜汤、糖色，用小火将汤汁收干且兔丁入味，加入香油即成。

·制作心得·

炸兔丁和炝辣椒的油温要掌握好，以免将兔丁炸老、辣椒炸煳。收汁水的时间要掌握好，将汤汁收至刚好裹在兔丁上即可。

中坝口蘑酱油

寒销云栈北，春遍锦城西。

邛酱传芳蒟，岩祠颂缥鸡。

——宋·宋祁《送鱼太傅通判汉州》

酱油起源于中国，是由"酱"演变而来。早在三千多年前，周朝就有制酱的记载了。据说最早的酱是由鲜肉腌制而成，与现今的鱼露制作过程相近。后来工匠们在实践中发现用大豆制成酱，风味相似且更加便宜。

"酱油"这一名称最早出现在宋朝。宋朝人将加工酱和豉得到的酱汁称为酱油。到了清代，酱油的使用远超过酱。在清代美食家袁枚的《随园食单》中可以看出，酱油已经在当时的烹饪中占有重要地位。

酱油在川菜烹调中广泛运用，是在明末清初。据《彰明县志》记载，道光初年，江油中坝一家名为清香园的酱油坊店主后人韩铣中了举人。道光七年，韩铣官居道台。趁赴京谢恩之际，韩铣携其家酿酱油之极品为贡。道光皇帝的御厨用这些酱油烹饪了几道御膳，道光皇帝品后赞不绝口，挥毫留下"中坝酱油"四字。中坝酱油由此得名，并被指定为皇家贡品。

其后，清香园后人精益求精，以本地传统酿造技艺为依据，在保证中坝酱油天然鲜味的同时，加入口蘑作为重要配料，这种蘑菇顶圆肉厚，味醇香浓郁。用口蘑为配料精心酿制的酱油汁稠色艳，咸甜适度，天然鲜香，故后人取名"中坝口蘑酱油"。在几代人的共同努力下，中坝酱油连续获得"四川著名商标""四川名牌产品""中华老字号""中国驰名商标"殊荣，并在全国酱油行业中首家获得"中国地理标志保护产品"称号，有"川菜味魂"之誉。

酱油在川菜烹调中有调味、提色、增鲜的作用，广泛运用于冷菜、热菜以及面点、小吃的调味，也是川菜调料八珍之一。

中坝口蘑酱油

（蒲雅琴 绘）

兰明路

注册中国烹饪大师，全国技术能手，享受国务院特殊津贴专家，国家级兰明路技能大师工作室领办人，中国烹饪协会名厨委副主席，世界厨师联合会国际评委，世界中餐业联合会名厨委员会四川区主席，四川省烹饪协会副会长兼名厨联谊会会长。

"清早开门七件事，柴米油盐酱醋茶"。酱油，给我们平凡的生活添加了美妙的味道。酱油拌饭，是许多人记忆深处难忘的儿时味道。虽然只是制作一碗看似简单的酱油拌饭，兰大师对材料的要求却是非常高的。他认为，将简单的食材尽可能地精细化并提升档次，体现了现代厨师的品位。精选的食材，精致的调味，就是兰明路大师制作这道酱油拌饭的原则。

酱油拌饭

· **主料** · 　中坝口蘑头鲜酱油（生抽）8 克，大米 50 克
· **辅料** · 　化猪油 5 克

· **制作** ·

1. 取大米，用清水清洗两遍，按 1 ：1 的比例加水，入饭煲浸泡 30 分钟，再蒸熟。
2. 米饭蒸熟后，用碗盛出，放入加热后的化猪油，再倒入酱油趁热拌匀即可。

· **制作心得** ·

酱油应选用中坝头鲜酱油；猪油应选网油炼制的，香味比板油足。

兰明路师从川菜泰斗史正良，传统川菜烹饪功夫全面扎实，调味技艺娴熟。他在对各种味型的分解研究过程中，越深入，越感受到"川菜一菜一格，百菜百味"的博大精深和独特魅力。只有了解，才会敬畏，唯有敬畏，才能发扬。兰明路烹制的这道传统川菜名菜——鱼香肉丝，就是他和传统的对话，与味道的和解。

鱼香肉丝 鱼香味

· 主料 · 猪精肉 200 克

· 辅料 · 冬笋、泡辣椒末各 30 克，水发木耳 20 克，葱白花、蒜米各 15 克，泡姜米、芹菜粒各 10 克

· 调料 · 中坝口蘑酱油（生抽）15 克，盐 1 克，白糖 40 克，醋 44 克，水淀粉 20 克，菜籽油 120 克

· 制作 ·

1. 将猪精肉切成粗丝，盛于碗中，加盐、水淀粉和匀码味。

2. 冬笋、水发木耳都切丝待用。

3. 将白糖、醋、中坝口蘑酱油、水淀粉同盛于碗中，搅匀对成滋汁。

4. 炒锅炙好后置旺火上，倒入菜籽油烧至六成热时，下肉丝快速炒散至肉丝发白，下泡辣椒末、泡姜米、蒜米，炒至色红香味出，放葱白花、芹菜粒、冬笋丝、木耳丝翻炒，烹入滋汁，推炒几下，待芡汁收浓，起锅装盘即成。

· 制作心得 ·

蒜的用量比姜要多。猛火快炒，锅气才足。姜、蒜要剁细，同泡椒一起炒出辛香味，这样吃到嘴里也不觉辛辣。葱要最后同滋汁一同入锅，才能激发鱼香汁那微妙的"鱼味"。

甜面酱

不得其酱，不食。

——春秋·孔子《论语》

酱，古时称"醢"（hǎi），源于我国远古的曲法酿酒技艺。汉代，随着酿醋、酿酒技艺日渐成熟，人们开始学会用大豆、面粉制作酱，酿出了酱油。唐宋时期，人们烹制食物时的调味用品更加丰富，到了元代，开始出现用豆酱（黄酱）和麦粉制作而成的甜面酱。这是一种以面粉为主要原料，经制曲和保温发酵制成的酱状调味品，其味甜中带咸，醇厚香浓，后来成为烹制正宗川菜名菜"回锅肉"时绝不能缺少的调味料。

清咸丰以前，成都饮食业繁荣，但制酱技术还不成熟。1853年，成都的酱园公所组织成立。据《成都通览》记载：清末的成都酱园帮有卓氏广益号、陈氏正通昌、胡氏太和号等四十多家，酱园业堪称繁盛。

据说，要做出一坛上佳甜面酱，必须要晒足三百天，翻酱一百多次。如今，制酱工艺日益先进，酱料在川菜中的运用也更加成熟而广泛，但在川菜大师的心目中，只有晒足三百天的天车甜面酱做出来的回锅肉、酱肉丝、酱肉才最地道、最正宗。

走进自贡已有上百年历史的天味酱园，一眼望去，晒露场坝上排列着许多硕大、古朴的酱缸，错落有致，气势恢宏。每天，工人们都要定时上下翻动，促进酱缸内的酱料发酵均匀，使面酱黏稠、厚重。在古老的酱缸里，微生物们互相制约，此消彼长，而阳光的暴晒则不断地激发菌的活力。随着时间的推移和阳光雨露的滋养，面酱香味会越来越浓郁。三个月的缸是淡淡幽香，十个月的缸是浓浓醇香。时间越久，面酱的香味就越丰富，这香醇滋味饱含着对食物的尊重，对时间的敬畏和对完美的执着。

天车甜面酱，承载着人世间最美妙、最珍贵的味道——时间的味道。

甜面酱

（毛大芬 绘）

邱克洪

特一级厨师，国家高级烹调技师，中国烹饪大师，餐饮业国家一级评委，中国饭店协会名厨委副主席，原菜根香烹饪学院院长。

代表菜品

酱爆甲鱼、青椒辣子鸡

1986年邱克洪从家乡重庆赴成都开始学厨生涯，得到著名特级厨师张兴文的悉心指教。1989年他进入重庆厨师培训站高级厨师班学习，并经考评取得中级厨师证。1991年，年仅22岁的邱克洪被成都希尔顿度假村破格特聘为厨艺总监，此举在行业引起较大反响。1995年，邱克洪被四川八一烹饪学校聘为烹饪教师。他曾担任菜根香烹饪学院院长，被四川大学继续教育学院、新东方烹饪学校聘为客座教授，完成了多家餐饮酒店的委托管理。2016年在湖南中国食品博览会"八大菜系品鉴会"上，他代表川菜界成功表演烹制了传统川菜"宫保鸡丁"，其深厚的川菜功底受到与会嘉宾的高度赞誉。邱克洪说，烹饪川菜、教授川菜、传播川菜，就是他的生活、工作和梦想。

据传一位川菜老师傅在接待北方客人时，将回锅肉中豆瓣酱去掉，通过加重甜面酱维系回锅肉味厚的特点，上桌后深受北方客人喜欢，从此有了"酱爆肉"。邱克洪大师制作的这道酱爆肉，手艺高超，面酱优质，可谓珠联璧合，匠心出品。

酱爆肉 酱香味

· 主料 · 猪二刀肉200克

· 辅料 · 青蒜苗100克

· 调料 · 天车甜面酱25克，盐、酱油、白糖、姜、葱各5克，料酒10克，花椒2克，菜籽油150克

·制作·

1. 猪肉洗净，放入清水中，加姜、葱、花椒、料酒煮至九成熟捞起。
2. 熟猪肉切片，蒜苗切成马耳朵段。
3. 炒锅炙好后，锅内放菜籽油少许，烧至四成热，下肉片炒至吐油，放天车甜面酱、酱油炒香上色，下蒜苗段炒至断生，放盐、白糖起锅装盘即成。

·制作心得·

炒肉片不能过火，否则肉质变老。下甜面酱时用酱油调散，油温不能高，否则会发苦。选用天车甜面酱，天然晒酱，窖香味浓。

香油

纤手搓成玉数寻，碧油煎出嫩黄深。

——宋·苏轼 《寒具》

香油，因来自芝麻的种子，故又称为"芝麻油"。芝麻经焙炒后制作的芝麻油常有浓郁的芳香气味，在北方，人们称它为"香油"；在南方，人们则称它为"麻油"。香味浓郁的香油是调味佳品，广泛用于川菜的多种味型，常作凉拌、汤菜或调馅之用。

张骞出使西域带回了芝麻，所以芝麻最早叫胡麻。在汉代时已被用于榨油，所生产的油叫麻油或胡麻油，多用作照明燃料。陈寿《三国志·魏书》中记载："孙权至合肥新城，满宠驰往……折松为炬，灌以麻油，从上风，火烧贼攻具。"那时的麻油是将芝麻籽用石臼法或木榨法生榨而成。

晋朝《博物志》有芝麻油用于饮食的最早记录，距今已有一千七百多年了。唐宋年间，香油作为上等的食用植物油应用得更加广泛。宋代之前关于食用植物油脂的记录，大部分都是芝麻油。宋代是我国古代科技发展的一个高峰，榨油技术在这一时期也得到了长足发展，用于榨油的油料作物开始增多。

四川不产芝麻，直到明代，朱元璋后裔在蜀封王，香油才由蜀王宫传到蜀地民间，但多为达官贵人享用。清道光年间，一家名为"长盛园"的包席馆在成都南城开业，这些来自川外、厨艺了得的官厨，也带来了香油烹饪菜肴的做法。清代袁枚的《随园食单》中记载的很多菜肴的做法都用到了香油，而一些珍馐美味用得更多。

清晚期，随着成都包席馆的增加，香油用量激增，于是有北方人入川开办香油坊，当时多用石磨推制香油，芝麻炒熟后，通过石磨的研磨，形成酱坯。在酱坯中倒入一定比例的清水，利用油水比重不同，将油从酱坯中替换出来，俗称"小磨香油"。

香油

（谢晴 绘）

吴杰

国家高级中式烹调技师，中国烹饪名师，成都启雅尚国际酒店技术总监。

代表菜品

功夫炝鲜鲍、宫廷福禄鸭、石烹三嫩、酥骨藿香鲫鱼、爆浆鳕鱼、双色鸡蒙菜、鸡豆花、窖酒酱焖大鱼头

　　吴杰 2001 年在家乡四川广安武胜大酒店开始学厨工作。后来三年的部队厨师学习经历，培养了他吃苦耐劳的坚强性格。他勤奋好学，一边工作，一边参加各种厨师技术培训班，这期间李智、兰桂均、史正良、伍贵荣、陈实、廖代全等川菜大师给予他烹饪技术上的提点。他 2013 年参加全国烹饪大赛，荣获个人金奖及"中国名厨"称号；2015 年参加四川第五届烹饪职业技能大赛获总决赛金奖；2017 年参加四川第三届创新技能大赛获总决赛金奖。2017 年他拜川菜大师曹靖为师，师父对菜品研发的执着精神深深影响着吴杰。2018 年 4 月，他和一群志同道合的年轻厨师在成都创立了"中国川菜技能天团联盟"并出任总秘书长，开始他新的川菜梦想的追逐之旅！

　　这道香油蘑菇，充分展示了吴杰非凡的菜品创作能力。此菜刀工讲究，香油运用精道，形色美观，蘑菇的鲜香和芝麻油的清香相互交融，相互成全。香味淡雅、清爽可口的香油蘑菇是许多星级宾馆高档宴席的必备凉菜。

香油蘑菇 咸 鲜 香 油 味

- · 主料 · 鲜蘑菇 450 克

- · 辅料 · 青豆 5 克

- · 调料 · 盐 1.5 克，白糖 0.3 克，踏水坊芝麻香油 1 克

· 制作 ·

1. 鲜蘑菇洗净，用淡盐水浸泡后待用。

2. 锅内倒入水烧开，下蘑菇煮熟捞起，放入冷水中降温，捞起后用干净毛巾吸干多余的水。
   蘑菇用一字跳刀法改刀成凤尾形，用手轻按使其散开成形，摆入盘中，放入青豆。

3. 另取碗，倒入少许煮蘑菇原汤，加入盐、白糖、踏水坊芝麻香油，调匀后淋在蘑菇上即可。

· 制作心得 ·

蘑菇本身自带鲜味，调料不宜过多。加入上等的踏水
坊芝麻香油，使菜品更加光泽、靓丽，且别有一番风味。

天府菜油

百亩庭中半是苔，桃花净尽菜花开。

——唐·刘禹锡《再游玄都观》

菜油，又称"菜籽油""清油"，是一种以油菜花籽榨出来的食用植物油，是四川人日常烹饪的主要用油，菜油与川菜相生相伴，可以说"无菜油不川菜"。

川人做菜离不开菜油，川菜也伴随着榨油技术的发展一路走来。时至今日，虽然炼油技术已非常先进，但在四川的乡村，仍然留存着许许多多小的榨油作坊，延续着古老的榨油方式，满足着当地人对"生清油"的喜爱。

烟雾弥漫的榨油坊里，人们先是将晒干的油菜籽倒入炒锅，用工具不停地翻转着，将油菜籽炒熟。开始榨油时，要加一点水，按油菜籽与水100∶2的比例，用水把油引出来。刚榨出来的油表面漂浮着一层厚厚的浮沫，倒入离心炼油机中过滤，再出来的油就清亮了。滤好的清油不加盖静置到凉透，菜油就制好了。

传统的川菜厨师，都有一套运用菜油制作辣椒油（红油）、花椒油、葱油等复合调味油的手艺。他们还善于将菜油和化猪油按需配制成"混合油"，炒出的菜肴醇香嫩滑，风味十足。正是凭借娴熟的烹饪技巧和众多的复合油，成就了川菜鲜、香、麻、辣、烫的鲜明个性。可以说，唯有菜油，才能在川菜烹饪中将川菜融合调味的特点发挥到极致。辣椒、花椒、豆瓣、香料、泡菜……放在经过高温加热的菜油里，让其自身的香味分子完全释放挥发出来，和着菜油的厚重清香，调和出独具特色的复合味，烹制出独具魅力的川菜菜肴。如果说烹饪调味有秘诀，也许这就是川菜的调味秘诀吧！

天府菜油

（杨林 绘）

苟行健

国家高级中式烹调技师，中国饭店协会青年名厨委员会副主席，商学院特聘讲师，大蓉和餐饮副总经理。

代表菜品

清油烧椒、回望炊烟烟熏系列、钵二钵钵鸡、小体面面条、蛙五泡椒蛙、牛小炒、水煮匠水煮菜、抄手道抄手、蜀小翠酥肉

　　苟行健的川菜生涯源自大蓉和。2004年进入企业，陆续成功筹建运营了几个新店后，他切实感受到产品才是企业在市场生存的基石，于是开始涉足菜品研发制作。多年的大蓉和企业文化熏陶，令他快速融入并掌握了丰富的烹饪基本要领，他对中餐特别是川菜有了更加全面和深刻的理解，力求拓展川菜融合创新新路子。2016年，他被著名京菜烹饪大家石万荣收为门下弟子。在元老级川菜大师张中尤、曹靖等行业前辈的影响下，他创办了"中国古法川菜传习工场"，身体力行推广川菜文化。2019年，他又与多位大师联袂创办"回望炊烟"川菜品牌，成为大蓉和集团二十周年融合创新磨一剑之代表作。

　　清油烧椒是一道源于四川民间的家常菜，如今已经成为许多川菜酒楼备受欢迎的开胃凉菜，其味道清香扑鼻、酸辣爽口，能勾起人们对家乡和亲人的思恋。苟行健用纯朴的古法川菜技艺烹制而成的这道清油烧椒，突显民间私房口味，是烧椒与虎皮椒的完美结合。

清油烧椒 烧椒味

- ·主料· 　牧马山二荆条青辣椒 250 克
- ·辅料· 　菜籽油 100 克
- ·调料· 　保宁醋 20 克，中坝生抽 8 克

1. 先将二荆条青辣椒洗净待用。

2. 空锅烧至六成热后，放入二荆条青辣椒，用锅铲一直用力煸压青辣椒，并紧贴锅底来回翻转，边煎边煸，使每根青辣椒都通体金黄起泡，直到煸干水分为止，起锅放凉待用。

3. 将青辣椒头切两刀成十字形，用手撕成四条，码入盘中，淋上菜籽油、醋、生抽调味即可。

此菜看似十分简单，实乃力气活和对耐心的考验，必须一直按压青椒紧贴锅底，边煎边煸青椒，对火候的把握至关重要。

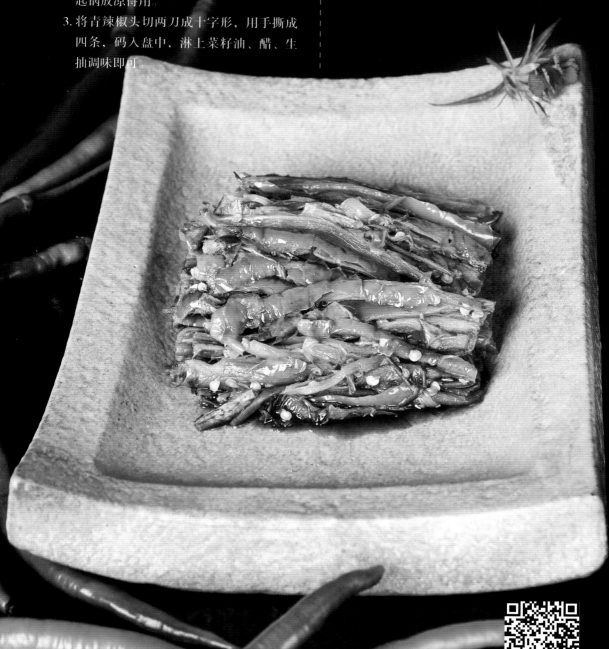

四川泡菜

黄鸡煮臕无停筋，青韭淹菹欲堕涎。

——宋·陆游《上巳书事》

泡菜古称"菹"，是指为了便于长时间存放而经发酵过的蔬菜。据汉代许慎《说文解字》解释，"菹菜者，酢菜也。"北魏贾思勰的《齐民要术》中就有制作泡菜的叙述，可见我国制作泡菜的历史至少有近一千五百多年。

四川泡菜历史悠久，流传广泛，相传三国蜀汉时期，蜀郡繁县已有腌制泡菜储存菜蔬的习俗。清香味美又开胃的泡菜在蜀地广为流行，清末的《成都通览》一书中称"成都之咸菜用盐水加酒泡成，家家均有。"川人将四季蔬菜的根、茎、瓜、果、叶等，如辣椒、萝卜、仔姜、豇豆、大蒜、青菜……都拿来泡。"一口老坛子，泡尽天下菜"道尽了川人的泡菜情怀。

川人泡泡菜一般都用坛沿能装水的土陶坛子，用川盐、白酒、花椒、八角、冰糖等原料制成盐水。泡菜主要是靠乳酸菌发酵生成的大量乳酸来抑制腐败微生物繁殖而制成的，是一种带酸味的腌制品。四川泡菜各家有各家的泡法，但四川民间有邻里间借泡菜老盐水（俗称母水）的习俗，一坛老盐水可以传承养育几代人。在《四川省非物质文化遗产目录》里，就有四川民间著名泡菜世家老坛子泡菜的记录，讲述了泡菜世家龚氏从其母处习得传统泡菜制作技艺：将泡菜坛埋于地下，使其保持恒温，让泡菜能长久泡渍，且口感脆爽，色泽鲜亮。

泡菜也是川菜调料八珍之一，许多传统川厨都有一手腌制泡菜的家传技艺。泡菜的腌制天数是非常讲究的：泡一天即可食用的叫跳水（洗澡）泡菜，讲究的是口感酸甜爽脆；泡45天的泡菜，味道酸香浓郁，用作调料、馅料，回味悠长；酸菜鱼、火锅等使用的泡菜，一定要泡够90天以上，酸味才够，才能烹制出鲜香味美的泡菜佳肴；而经典川菜酸萝卜老鸭汤，则必须是用泡够两年以上的酸萝卜才行。可以说，川厨是靠味觉来掌控泡菜泡制的时间。

四川泡菜

（袁建莉 绘）

陈廷龙

国家高级中式烹调技师（原特一级），中国烹饪大师，川菜老师傅传统技艺研习会副会长。

代表菜品

网油灯笼鸡、大酿一品鸭、家常臊子海参

陈廷龙的父亲陈松如享有"国宝川菜厨师"美誉，并先后任北京四川饭店首席厨师长、总技术顾问。1969年1月，陈廷龙正式跟随父亲学艺，练就了一身扎实的传统川菜烹饪基本功，积累了千余道菜品。他先后在成都竹林餐厅、成都荣乐园事厨。他1973年被派往北京"四川饭店"事厨，1980年被派驻瑞士大使馆事厨，1986年奉调返京在外交部总务司事厨，1990年赴德国"中华园"任大厨。回国后他辗转于京、津、川等地宾馆酒店，担任行政总厨、总监、副总经理等职。他热爱川菜，挖掘传承与发扬创新并举，擅长宴席配制和国宴菜式的制作。他旅欧工作十年，对中西式冷餐会、川菜国际化交流等方面均有自己独特的心得体会。

泡椒双脆是川菜中争分夺秒、一锅成菜之典范。陈廷龙大师炒制这道菜仅用时28秒，成菜亮汁亮油，肚头鸡胗脆嫩，色红微辣，回味咸鲜略带泡椒酸。陈廷龙大师完美地呈现出这道经典川菜，彰显大师风范，不愧为"川菜名门之后"。

泡椒双脆 泡椒味

- **·主料·** 鸡胗（净料）100克，猪肚头100克
- **·辅料·** 青笋片100克，姜末5克，蒜末、葱段各15克，老坛子泡海椒（泡海椒末、泡海椒段各半）、泡山椒各25克，泡姜末、泡蒜末各8克，混合油（菜籽油、猪油各半）300克
- **·调料·** 盐10克，胡椒粉、淀粉各5克，料酒10克

· 制作 ·

1. 将鸡肫对剖为二，交叉切出细花再切成两块；将猪肚头去皮筋，交叉切出细花再切成小块。

2. 将鸡肫、猪肚头加入盐、料酒码味，另备一小碗加入淀粉、胡椒粉，倒入适量清水对成滋汁备用。

3. 锅内倒入混合油烧至八成热后，下泡海椒末、泡姜末、泡蒜末炒香，将猪肚头、鸡肫入锅爆炒至发白散开，下入青笋片、姜末、蒜末、葱段、泡海椒段、泡山椒，烹入滋汁，迅速成锅装盘即成。

· 制作心得 ·

主料处理考验刀工。鲜猪肚剖开，不带筋不带皮扯下净肚头，切上麦粒花刀，改成小花块。鸡肫对剖，切上梳子花刀，改成小花块。操作时要热锅热油，将主料爆炒至开花。

田仕强

国家高级中式烹调技师，中国烹饪大师，成都美食文化产业协会副会长。

代表菜品

麻婆豆腐、山珍泡饭、老坛子酸菜鱼

2001年，田仕强与恩师杨永超结缘。杨永超是著名川菜大师党科的弟子，有了师父的悉心指点和提携，悟性极高又吃苦耐劳的田仕强厨艺得以快速提升，开始独当一面。他先后在锦江宾馆、红珠山宾馆、川投国际酒店等多家五星级酒店任主厨、厨师长、总厨。他曾参加四川省第四届烹饪大赛荣获个人金奖、特金奖，荣获"中华金厨"奖，曾荣获首届世界川菜大会"世界川菜烹饪名师"称号。2013年田仕强与他人联合创立了餐饮品牌——有盐有味，后又联合推出师徒情人民食堂、爱饭、嘎嘎鸭脑壳等多个餐饮品牌。他还是厨艺小融合创始人。虽然管理工作繁忙，但他从来没有放弃过自己热爱的川菜烹饪事业。2018年，他因工作业绩突出被评为优秀共产党员。2019年他被《东方美食》授予"青年烹饪艺术家"称号。

风靡全国的酸菜鱼，其实就是在传统川菜——泡菜鱼的基础上变化创新而成的。田仕强在成都经营主打酸菜鱼的连锁餐厅，他认为：酸菜和鱼的相遇，成就了酸辣爽口、开胃解腻的美味传奇。用老坛子酸菜做出来的酸菜鱼，汤鲜味美，鱼肉鲜嫩，口感滑嫩，酸菜留香，是儿时的记忆，妈妈的味道。

老坛子酸菜鱼 酸辣味

- ·主料· 草鱼1条（约800克）
- ·辅料· 老坛子酸菜200克，发好的粉丝50克，葱段20克，鲜汤1250克，鸡蛋清1个，淀粉20克
- ·调料· 老坛子野山椒、泡姜、泡二荆条辣椒各30克，盐10克，胡椒粉10克，白醋6克，猪油、鸡油各200克，菜籽油200克

· 制作 ·

1. 将宰杀好的鱼治净，鱼头待用，鱼骨、鱼尾、鱼柳片成大片，冲去血水待用。酸菜、泡姜切片，泡二荆条辣椒切段。

2. 净锅下猪油、鸡油，烧至五成热时，加入老坛子泡姜片、酸菜片、野山椒和鱼头、鱼骨、鱼尾一起炒香，加入鲜汤后小火熬制，依次下入发好的粉丝，入味后都捞起来，放入盆中，锅里只留汤。

3. 把冲去血水的鱼片加入蛋清、淀粉、盐码味后，再将鱼片放入锅中煮至八分熟，加入白醋、胡椒粉起锅装盘。

4. 净锅放菜籽油烧热，盘中撒上葱段、老坛子泡二荆条辣椒段，淋上热油即可。

· 制作心得 ·

选用食材品质一定要好，鱼一定要鲜活。鱼片要切成厚薄均匀的大片。煮鱼片要注意火候，不能用大火，鱼片煮至起灯盏窝时最好。注意调味要浓，但是不能过咸。

郑义伟

国家高级中式烹调技师，中国烹饪名师，成都天府丽都喜来登饭店中餐行政总厨。

代表菜品

藤椒乳鸽、鲍汁酱香鸭、米凉粉烧鲍鱼、酱香石鹅、薄荷雅鱼、笋圈扳指

1998年郑义伟学厨伊始，就跟着川菜大师曹靖学习川菜的传统技艺及厨政管理。2005年，他开始在四星级宾馆工作，从厨房主管一直做到行政总厨。2009年在遂宁市明星康年大酒店担任行政总厨期间，他负责了多次国家级政务接待及大型宴会的组织工作，积累了丰富的工作经验。谦逊踏实、勇于创新的郑义伟在菜品制作上深得师父曹靖的赏识并得其真传。他2008年参加挪威三文鱼美食节大赛获创新赛金奖，2010年参加四川省第一届地方特色菜大赛荣获团体赛金奖、最佳营养膳食奖，同年参加川菜创新菜大赛获团体银奖、个人创新菜金奖，2015年参加四川省第三届烹饪大赛获个人金奖，2017年参加四川省创新菜大赛荣获个人金奖。

郑义伟制作的这道"吉庆泡菜"，是在传统的四川洗澡泡菜基础上，把原材料通过特殊的刀工处理成吉庆块后制作而成，造型独特，口感咸鲜脆爽。将粗菜细作使之登上大雅之堂，不失为传承创新之典范。

吉庆泡菜 　咸 酸 味

- **·主料·** 红彩椒、黄彩椒、青萝卜、心里美萝卜各150克，有机花菜、西蓝花茎杆、胡萝卜、红皮萝卜、宝塔菜各200克，青笋250克
- **·辅料·** 老坛子泡菜老盐水、矿泉水各1500克
- **·调料·** 泡菜盐45克，料酒30克，冰糖40克，香料包（当归20克，干辣椒15克，香叶5克，八角、桂皮、干花椒、沙姜、小茴香、草果、白蔻各10克），盐适量

·制作·

1. 选一密封泡菜坛洗净，加入老坛子泡菜老盐水和矿泉水各一半，调入泡菜盐、料酒、冰糖、香料包，然后加盖，倒上坛沿水密封待用。

2. 红黄彩椒用小刀去皮，有机花菜切小朵，其他主料切成吉庆块，将所有主料加盐和匀，腌制 2 小时待用。

3. 将腌好的主料放入坛中，加盖，存放在阴凉通风处泡制5~6小时，捞出装盘即可。

·制作心得·

制作中一定要使用陶瓷刀，切忌用金属刀具加工原料，避免泡菜带异味。泡制时应根据原料特性和季节气温变化掌握好泡制时间。

注：吉庆块是指原料用刀加工后呈现"吉庆"形的块状。通常所说的"吉庆"，指的是佛教寺庙中僧人念经时敲击的一种器具，即框形木架上悬挂的呈"品"字形的小铜锣。吉庆块的传统加工方法是：先将原料切成正方块，再沿原料每面的中心点和边长 1/2 处用刀尖或刀跟切一刀，深度为原料厚度的 1/2。要求刀纹互相垂直相连，用这种加工方法，切制六刀后就可把一个四方块的原料加工成两个吉庆块。

阆中保宁醋

挽住征衣为濯尘，阆州斋酿绝芳醇。

——宋·陆游《阆中作》

醋，传说是古代酿酒大师杜康的儿子黑塔在一次酿酒后未丢弃酒糟而在不经意间发明的。我国制醋始于周代，当时的醋被称为"醯（xī）"。据《周礼·天官》记载，周朝庭中的"醯人"，便是皇室专司制醋的职官。

古城阆中四面环山，三面绕水，其得天独厚的自然环境铸就了醋城阆中的千古美名。阆中酿醋始于周，兴于秦汉，盛于唐。唐代阆中"丁缸醋"作坊已星罗棋布，宋代大诗人陆游曾在阆中留下"阆州斋酿绝芳醇"的名句。

阆中醋尤以保宁醋为佳，是中国四大名醋之一。保宁醋以地名命名，始于五代唐长兴元年（公元936年）设保宁军治时，时至今日，已历经千年岁月。

明末清初，北方战乱频繁，宫廷御用醋师索义廷为避战祸，不远千里来到巴蜀。他见保宁府山清水秀，醋业又十分兴旺，便决定留在阆中开设醋房，开坛酿醋。索义廷的到来让当时的阆中醋业如获至宝，当地醋师纷纷与之秉烛论醋，共议醋道。久而久之，索义廷对阆中醋业各派的精要均解其详。在取长补短的同时，他结合毕生技艺，制订了一套完整规范的酿制流程，并采用62味中药制曲，最终酿制出冠绝当时的上品佳醋，并取名为"一只鞋"。而后索义廷感恩于阆中保宁的再造之恩，遂将所酿之醋仍沿袭称保宁字号。而他创立的酿醋工艺之精要，沿用至今，已有四百余年。

保宁醋以其酸而不涩、香而微甜、色浓味鲜、久存不腐、回味绵长的风味特点蜚声海内外。近百年来，保宁醋还被人们誉为"川菜精灵"，因为它除了用于川菜多种风味外，还可以压腥、提味。蜀地民间甚至有"离开保宁醋，川菜无客顾"的说法。

阆中保宁醋

（尹乐 绘）

刘诚

国家高级中式烹调技师（原特一级），注册元老级中国烹饪大师。

代表菜品

糖醋排骨、麻辣鸡、椒麻鸡、柠檬鸡

　　1961 年刘诚入成都耀华餐厅学徒，随朱炳林大师学习西式饮品的制作，一年多后，他被调至成都芙蓉餐厅礼宾部从事雅座的接待工作。这期间刘诚有机会接触到许多地道的传统川菜，也激起了他学习烹饪技术的强烈愿望。1965 年，刘诚开始跟随白松云大师学习凉菜制作，掌握了各种经典凉拌菜的烹饪技巧和调味经验，后跟随川菜名厨陈彬如、陈海清系统全面地学习了传统川菜技艺。他深谙"粗菜细作、细菜精作"要领，打下了牢固的烹饪基本功。1979 年四川省旅游学校成立后，刘诚被调至该校担任烹饪教学工作。这期间他还先后被借调到"成都饭店""岷山饭店"从事厨房的筹建及年轻厨师的培训工作。1993 年他被公派赞比亚中国长城饭店工作，直到 2017 年退休回国。

　　刘诚大师制作的这道"糖醋排骨"是典型的川式烹饪。加入花椒去腥而增芳香，是他的独创之处。大师出手，果然不凡，意料之外，却在情理之中。

糖醋排骨 　糖 醋 味

- **·主料·**　猪肋排 1000 克
- **·辅料·**　白芝麻 5 克，姜片 20 克，大葱段 30 克，花椒 2 克
- **·调料·**　盐 10 克，白糖 150 克，保宁醋 80 克，料酒 20 克，踏水坊香油 0.5 克，菜籽油 150 克

· 制作 ·

1. 猪肋排洗净后放入锅内煮一下去血污，沥干水后，加入姜片、大葱段、盐、花椒、料酒码味。
2. 将码好味的排骨上蒸笼蒸 20 分钟左右。
3. 锅中倒入菜籽油烧至五成热时，下蒸好的排骨炸约 3 分钟，呈浅红色后捞出。
4. 锅内放入白糖，炒成红棕色起大泡时放入清水，放入炸好的排骨，加入盐、白糖、料酒，慢慢收至汁浓后加入保宁醋、香油，起锅时撒上白芝麻即成。

· 制作心得 ·

烹制时注意火候，先中火后小火，防止周边焦化加深色泽。炒糖色时不可时间太长，以免增加苦涩味，应炒成中性焦糖色。汁液必须包裹住排骨，不可无汁液。

潼川豆豉

潼川豆豉保宁醋，荣隆二昌出夏布。

——四川民谣

豆豉，古代称为"幽菽"，也叫"嗜"。最早的记载见于汉代刘熙《释名·释饮食》一书中，誉豆豉为"五味调和，需之而成"。豆豉是中国传统的发酵豆制品调味料，也是川菜烹饪的特色调味品之一。豆豉的种类较多，按加工原料分为黑豆豉和黄豆豉，按口味可分为咸豆豉和淡豆豉，按形态可分为干豆豉和水豆豉。

"出城五里，闻香扑鼻"说的便是四川三台县的潼川豆豉。潼川豆豉是国内唯一保留着传统独特的毛霉制曲工艺的调味品，距今已有三百多年的生产历史。它以黑豆或黄豆为主要原料，利用毛霉、曲霉或细菌蛋白酶的作用，分解大豆蛋白质，通过加盐、加酒、干燥等方法，控制发酵过程而制成。

清康熙九年（公元 1670 年），随着"湖广填四川"的人潮，"潼川豆豉"的创始人邱氏一家从江西迁徙到了四川治县潼川府。他们凭借祖传的酿造豆豉手艺，在南门开始制作水豆豉生意。邱家人根据潼川的气候和水质，不断改进技术，并采用家传"毛霉制曲、常温发酵"的生产工艺，酿造出色鲜味美的豆豉，并称为"潼川豆豉"。清康熙十七年（公元 1678 年）潼川豆豉被列为宫廷御用珍品。传至邱正顺一代时，便在城区东街开办"正顺号"酱园。

清道光十一年（公元 1831 年），潼川城内卢富顺、冯朴斋两家先后从邱家聘出技师，在东街开办"德裕丰"酱园，在老西街开办"长发洪"酱园，与邱家竞争，形成三足鼎立之势，使得潼川豆豉的工艺水平得到了很大的提高。到 1945 年城中生产潼川豆豉者已达 45 家。1951 年实行公私合营后，各家酱园联合成立公私合营公司，从此潼川豆豉走上了规范的发展道路。2008 年，潼川豆豉被列入第二批国家级非物质文化遗产名录。

潼川豆豉

（邓娜　绘）

龙治明

国家高级中式烹调技师，注册中国烹饪大师，川菜大师，四川省烹饪协会常务理事，川菜发展中心专家，成都市烹饪协会副秘书长，原西藏饭店餐饮部经理、酒店管理公司总经理。

代表菜品

孔雀北贝、煳辣鳗鱼、蜂窝土豆、松露鸡豆花、麻婆豆腐

1978 年，龙治明进入成都西藏饭店从事餐饮工作。他传统川菜功底深厚，曾经得到曾国华、华兴昌、刘建成等行业前辈的提点指导。他数次带领饭店厨师团队参加全国、省级烹饪大赛并获得金牌及金奖。他崇尚积极开放、有效创新的管理理念，与北京建国饭店、上海和平饭店、广州白天鹅饭店等 10 余家国内顶级酒店长期保持烹饪交流，力促酒店餐饮水平长期保持在较高水平之上。他曾代表中国菜和川菜前往法国、美国、日本、巴西等多个国家进行表演、交流、讲习，还曾多次主理党和国家领导人、国际明星艺人接待事宜，并获高度赞誉。他是《中国饮食大典》《大众川菜》《川菜经典》等书籍编委，参与川菜经典菜肴工艺规范评审工作，并多次参加四川省成都市及各地市州的烹饪比赛担任评委及总裁判长。

豆豉鱼条是一道传统川菜，取材常见，易于储存，深受四川百姓人家喜爱。龙治明大师运用精简的调味料，且油炸收汁恰到好处，制成的菜品豉香浓郁，鱼条酥嫩，将这道大众川菜完美呈现，其深厚的传统川菜烹饪技艺可圈可点。

豆豉鱼条 咸鲜味

- **·主料·** 活草鱼（或鲫鱼）500 克
- **·辅料·** 潼川豆豉 50 克，老姜片、大葱段各 10 克，泡椒段 5 克，清汤 100 克
- **·调料·** 白糖、盐各 5 克，料酒、踏水坊芝麻油、醪糟各 10 克，菜籽油 1000 克

· 制作 ·

1. 草鱼宰杀后治净,把鱼改刀成条形,用盐、老姜片、大葱段、料酒码味待用。

2. 炒锅置旺火上,下菜籽油烧至七成热,放入码味后的鱼条炸成金黄色,捞起待用。

3. 锅内留油,放入潼川豆豉炒出香味,加泡椒段、大葱段炒出香味,再加清汤、盐、料酒、白糖、醪糟,转成小火慢烧,收干汁后加芝麻油炒匀起锅,晾凉后装盘成菜。

· 制作心得 ·

烹制时鱼不要炸得太久,豆豉等调料要掌握好用量,收鱼的汤汁也须适度。

内江蔗糖

镂姜屑桂浇蔗糖，滑甘无比胜黄粱。

——宋·范成大《口述粥行》

中国是甘蔗的原产地之一。四川的制糖原料是甘蔗，西汉扬雄的《蜀都赋》里赞咏蜀地物产中提及的"诸柘"即指"甘蔗"。但直到唐代宗时（公元762年–779年），四川才开始人工种植甘蔗。而内江蔗糖的历史始于清代。

清康熙十年（公元1671年），福建汀州人氏曾达一千里迢迢来到内江贩卖珠宝，收益颇丰。一个秋高气爽临近中秋的夜晚，曾达一独自在院中小酌，一阵微风带着菊花的清香悄然袭来。他突然想起远在千里之外的家乡的菊花，也是在九月里开放，开始思念起家乡的甘蔗林，思念那香甜多汁的甘蔗。家乡盛产甘蔗，而这里与他家乡的气候略同，于是，曾达一由此动了种甘蔗的念头。他托人从福建家乡带来芦蔗种子，开始了种植售卖甘蔗的生意。

随着甘蔗种植面积不断扩大，曾达一带着经商数年积蓄的资财，回到了福建汀州老家。他在当地购买了制糖工具，挑选了一批精通制糖技艺的工人，接上家眷及自家兄弟数人，又回到内江，并开设糖房，熬制蔗糖，开始了曾家的制糖生意，也开启了内江制糖业的历史。

制糖方法最初非常原始，工具也很简陋，榨糖用的是简单的木棍，熬糖用的是小锅小灶。然而，制糖技术却是精微的，绝非一朝一夕所能掌握，当地有句老话说："熬糖烧酒，充不得老手。"那时人们对制糖方法守口如瓶，曾达一在遗嘱中曾告诫后代："传媳不传女。"然而，没有不透风的墙，很快，制糖方法就传遍了内江。清末民初时期，内江蔗糖业发展进入鼎盛时期。内江地区产糖量约占全川的68%，内江成为闻名全国的糖业中心，"甜城"美誉也由此而来。

内江蔗糖在川菜中的使用极为广泛，除用于甜菜、甜食、甜羹外，还广泛用于菜肴调味、上色、矫味，是川厨烹饪菜品时的必备调料和重要"帮手"。

内江蔗糖

（杨林 绘）

刘国兵

国家高级中式烹调技师（原特二级），中国烹饪大师，四川烹饪高等专科学校特聘教授，四川旅游学校美食学院副院长。

代表菜品

鸡豆花、飘香过水鱼、鱼香灯笼茄

刘国兵1989年从四川烹饪高等专科学校烹饪专业毕业后，在北京四川豆花饭庄开始了他的餐饮职业生涯。在北京工作的14年，极大地丰富了他的餐饮阅历。2003年，他回到成都，作为特聘教授，在其母校四川烹饪高等专科学校教授烹饪专业课程。授课之余，他还专研菜品，服务企业，并在药膳菜品领域取得了相当成就：在中国第二届药膳大赛上荣获金牌，被中国药膳研究会授予药膳师称号。他擅长餐饮管理、研究餐饮文化、孵化餐饮项目，积极参与各种国际国内川菜文化交流推广活动。2012年他被聘为四川省就业培训中心"四川原创菜品评定委员专家"，是中国饭店协会授予的国家一级评委。

这道菊花鱼，是刘国兵老师的"网红"名菜，深受网友追捧。这道菜也是刘老师对内江白糖完美应用的例子，是传统口味与时尚风格的巧妙结合。

菊花鱼 茄汁味

- **主料**· 草鱼1条（1500克）
- **辅料**· 番茄酱75克
- **调料**· 盐8克，内江白糖150克，苹果醋8克，姜片、葱段各10克，料酒5克，淀粉300克（实耗25克），菜籽油2000克（实耗50克），葱油、水淀粉各20克

· 制作 ·

1. 草鱼治净，改刀去骨，切成 10 毫米厚的两片净鱼肉，内江白糖用专用机器制成棉花糖备用。

2. 净鱼肉剞深 8 毫米、间隔 8 毫米的十字花刀，后改刀成边长 8 厘米左右的三角块，加入姜片、葱段、料酒、盐码味 5 分钟。

3. 码好味的鱼肉扑满淀粉，至每个缝沟，放置 3 分钟再抖去多余的淀粉。

4. 菜籽油入锅烧至 210℃，放入鱼块炸至金黄酥香呈菊花形，捞出入盘。

5. 锅中下葱油，将番茄酱炒香，加清水、白糖、苹果醋、盐，用水淀粉勾芡成稠亮的茄汁，盛入碗中待用。

6. 将棉花糖包在菊花鱼上，上桌淋茄汁至棉花糖上至糖化开即成。

· 制作心得 ·

切鱼时刀距、深度一定要把握好，不可切断。菊花鱼炸好后要稍凉后再包棉花糖。番茄酱一定要炒至浓稠状。勾芡一定要把茄汁勾成稠亮状态。

成都二荆条干海椒

惟川人食椒，须择其极辣者，且每饭每菜，非辣不可。

——清·徐心余《蜀游闻见录》

考古学家估计，早在公元前五千年，美索亚美利加人就开始吃辣椒了，辣椒可以说是人类种植的最古老的农作物之一。后来哥伦布把辣椒带回西班牙，从此辣椒传遍了全世界。

大约在 16 世纪，辣椒辗转马来西亚进入中国，直到 1740 年后，辣椒才传入四川，当地人称"海椒"。虽然川人"尚滋味，好辛香"，然而海椒真正取代食茱萸成为川菜调味之首，却用了一百多年。

1856 年早春的一天，一位从邛州大邑嫁到双流牧马山的女子，将家乡带来的辣椒种子种在自家屋前。秋天来临，满园红红的辣椒，不仅给女子带来惊喜，也给夫家带来了收益。于是当地山民纷纷效仿，开始种植辣椒。牧马山种出的辣椒果实细长、色泽红亮、辣度适中，晒干后更是香味浓郁。几年下来，牧马山海椒远近闻名。毗邻的郫县豆瓣作坊海椒需求量大，听闻牧马山海椒质优，纷纷到当地购买海椒。牧马山海椒名气越来越大，最终被选为皇家贡品，人们把它称为"二荆条"，也誉为"二金条"，足见其珍贵。

成都是川菜发源地，离不开周围各县培育的辣椒，特别是牧马山二荆条辣椒。这些辣椒具有油亮鲜红、香辣回甜等优点，晒干后鲜红发亮，久不变色，已成为成都各种名小吃用以增香、添色、调味的必备辅料，郫县豆瓣等四川调味名品皆用二荆条辣椒作为重要原料。《成都通览》记载，清光绪年间成都各色菜肴达 1328 种之多，而辣椒已经成为川菜中主要的调料之一。清代徐心余《蜀游闻见录》中描述："惟川人食椒，须择其极辣者，且每饭每菜，非辣不可。"

成都二荆条干海椒

（袁建莉 绘）

熊阿兵

川菜烹饪名师，中国餐饮服务名师，餐饮职业经理人，成都田园印象餐饮有限公司董事长。

代表菜品

火爆牛舌、泡椒双脆、水煮牛肉、松鼠鱼、棒棒鸡

　　熊阿兵 1987 年中学毕业后进入餐饮行业。1991 年，他拜路明章为师，专攻川菜红案烹饪，擅长爆炒。师父路明章是成都鸣堂技艺传人，见多识广，记忆超群，可谓川菜"活档案"。师父的经验与教诲令熊阿兵终身受益，是他闯荡餐饮江湖的"葵花宝典"。他成名于兴熙北酒家，并于 2009 年创办"田园印象"，这家餐馆体现了传统农耕文化和民风民俗，在餐饮行业中独树一帜并大获成功。2017 年他创办"锅儿匠辣子鸡"，锅儿匠是四川民间厨师的别称，熊阿兵就是要用这种匠人精神做品牌基石。他主推"青红椒辣子鸡"，用单品立店，其强大的底气来自他三十余年的行业积淀和他从未放弃过的川菜烹饪功底。他是成都青羊区第五、第六、第七届政协委员，也是成都市非物质文化遗产"鸣堂技艺"的传承人。

　　辣子鸡本是一道川菜名菜。用此菜单品立店，应对口味刁钻的成都食客，如此胆量和豪气非熊阿兵莫属！这道"辣子鸡"，经过熊阿兵这位"锅儿匠"的精心调配烹制，荤素搭配，鸡肉干香，辣而不燥，不愧为"匠心之作"。

辣子鸡 鲜辣味

- **·主料·**　剑阁土鸡 1000 克，小米椒段 400 克，二荆条辣椒段 100 克
- **·辅料·**　藕丁、土豆丁、杏鲍菇丁各 100 克
- **·调料·**　蚝油、白糖、醪糟各 5 克，老抽、胡椒面、芝麻各 3 克，高粱酒 4 克，香料包（八角 20 克，香叶、陈皮、丁香、白豆蔻、红豆蔻、荜拨、灵草各 5 克，肉桂 10 克），香菜籽、炒花生仁各 15 克，青花椒 40 克，红花椒、姜粒、蒜粒各 10 克，菜籽油 350 克，鸡油 50 克

· 制作 ·

1. 锅中倒入菜籽油烧至六成油温，放入藕丁、土豆丁、杏鲍菇丁炸熟上色备用。

2. 用蚝油、醪糟、老抽、胡椒面制成腌鸡料备用。

3. 将香料包烘干打成粉，香菜籽和部分红花椒掺在一起，烘干后打成粉，再将两种粉按照 1：0.8 的比例兑成炒鸡料备用。

4. 将鸡肉切丁洗净，冲尽血水后沥干，放入盆中，加入制好的腌鸡料、高粱酒拌匀腌制入味。

5. 锅内放菜籽油烧至六成热，放入腌好的鸡丁炸至定型出锅备用。

6. 将菜籽油、鸡油倒入锅中，加姜粒、蒜粒炸香后，放入炸好的鸡丁炒至水分干，加入青花椒、剩余红花椒炒香出锅待用。

7. 将炒好的鸡丁倒入锅中再次加热，滤出多余油，加入炸好的三种素菜丁、小米椒段、二荆条辣椒段同炒，炒香后加入炒鸡料、白糖炒匀起锅，撒上炒花生仁、芝麻即成。

· 制作心得 ·

辣椒与鸡的比例 1：2 为黄金比例。鸡肉腌制入味后加入花椒小火焗炒，可激发花椒香味，最后用大火成菜。花椒先用水泡一下可去掉苦味和杂物。

郸县豆瓣

郸，蜀县也。从邑，卑声。

——东汉·许慎《说文解字》

清朝初年，在"湖广填四川"的移民潮中，陈益兼携家人迁居郸县。入蜀途中，随身携带充饥的蚕豆遇连日阴雨而生霉，家人不忍丢弃，便置于田埂晾晒后，再把鲜辣椒剁碎拌和腌制用于佐餐，不料鲜美无比。陈益兼受辣椒蚕豆的启发，将发霉的豆瓣投入切细的辣椒末中加盐搅拌，十来天后辣椒和豆瓣便成了一种新的辣椒酱了，这就是郸县豆瓣的雏形。

19世纪初，陈益兼的后人陈守信用卖豆瓣的钱在郸县开了一家"益丰和酱园"，从此开始规模经营。陈守信集豆瓣制作之精华，创造性地推出新的制作工艺：将面粉与豆瓣混合发酵，再与盐渍辣椒混合加工。改良后的豆瓣色泽更鲜亮，口味更好。

郸县豆瓣真正发扬光大是在19世纪80年代以后。光绪年间，郸县东街突然出现了一家名为"元丰源"的酱园，也经营豆瓣。酱园主人是一位名叫弓靖明的彭县人，十分能干。元丰源豆瓣味道香醇，价格实惠，刚一出现就将郸县豆瓣一家独霸的局面打破了。益丰和是老字号，生产经验丰富，他们积极改进制作工艺，力求在豆瓣口味上更胜一筹；而元丰源也不甘落后，费尽心思在豆瓣口味上推陈出新。两家酱园就这样你追我赶，将郸县豆瓣的制作工艺和口感推上了一个新的台阶。1894年，陈守信的孙子陈文揆在郸县开了第三家大型酱园"邵丰和"，郸县豆瓣市场呈现出三足鼎立的局面，豆瓣制作工艺进一步完善。

如今的郸县豆瓣，已成为郸县名产，当地大大小小豆瓣厂有一百多家。传承百年的豆瓣加工技艺和优良的原料令郸县豆瓣色、香、味俱佳，成为川味食谱中常用的调味佳品，素有"川菜之魂"的美誉，其制作技艺被列入第二批国家级非物质文化遗产名录。

郫县豆瓣

（邹俐 绘）

李仁光

国家高级中式烹调技师（原特一级），川菜烹饪大师，四川省烹饪协会常务理事，巴蜀味苑老川菜创始人。

代表菜品

豆瓣过水鱼、蘸水兔、水爆回锅肉、砂锅牛肉、怪味蹄花

　　李仁光二十多岁时在重庆合川出道从厨。从20世纪80年代初开始，寻师问道、与同行交流、探访挖掘民间绝技一直贯穿于他近四十年的厨艺生涯中。说起川菜渝派大师吴万里、李跃华、张正雄等这些曾经为他指点迷津的老师，他如数家珍。在成都，李仁光遇到恩师——著名川菜大师史正良，并正式拜师进入史门。史大师德艺双馨，其言传身教，令他受益终身。李仁光做菜天赋极高，他创办的老川菜馆巴蜀味苑被授牌"中华餐饮名店"，在行业中赫赫有名，并入选中央电视台《中国小馆》专题节目。为了学到更多地道的传统川菜，他虚心请教胡先华、陈伯明、蒋学云、刘诚这些大名鼎鼎的川菜老师傅。在巴蜀味苑的食客当中，考察学习菜品的餐饮同行占比不少，这已成为行业内公开的秘密。

　　李仁光大师制作的这道豆瓣鱼是老菜新做。他熟练运用川菜过水技法，取代传统豆瓣鱼油炸过程，不仅缩短烹制时间，而且使鱼更完整成形，更细嫩入味。这道豆瓣过水鱼已成为巴蜀味苑最受欢迎的菜品，并获得厨界同行的高度赞誉。

豆瓣过水鱼 鱼香味

· 主料 · 　草鱼1条

· 辅料 · 　小米椒、芹菜各10克，大骨汤1000克

· 调料 · 　郫县豆瓣、蒜各30克，料酒、泡姜、水豆粉各20克，踏水坊红油10克，老姜15克，大葱（葱段、葱花各半）200克，盐5克，白糖40克，醋45克，花椒5克，猪油50克，泡椒、菜籽油各100克

·制作·

1. 将草鱼治净后改刀（鱼背脊两边肉厚处下刀，两侧的刀口要错开）加料酒、盐码味；小米椒、芹菜、泡姜、泡椒、蒜剁成细末备用。

2. 锅中放入大骨汤、加老姜、葱段、猪油烧开后，将码好味的鱼放入汤中，加盖烧制3分钟即起锅装盘。

3. 锅中下菜籽油，加入郫县豆瓣、花椒、蒜末、小米椒末、泡姜末、泡椒末煸香，加入糖、醋、芹菜末、葱花、水豆粉勾芡成鱼香汁，汁中加入红油后淋在盘中鱼上即成。

·制作心得·

鱼改刀口时两侧的刀口要错开，可防止鱼断裂；鱼在烧制时汤要淹没鱼，并要盖上盖子。

红油

豆花凉粉妙调和，日日担从市上过。

生小女儿偏嗜辣，红油满碗不嫌多。

——清代《成都竹枝词》

红油，又称"辣椒油""熟油海椒"，是以四川的辣椒加菜油等香料慢火精炼而成，是川菜烹饪中常用的一种调味料。川菜以调味见长，而菜油本身有一种特殊的"青气味"，烧到一定温度时再与辣椒混炸，能让红油有一种其他油脂不能替代的香辣味。

红油的传统炼制过程并不复杂：先将干辣椒放在锅内干炒，直至辣椒干脆；在石臼里舂碎后，装在钵中。将菜油烧至八成热，离火晾一会，再把热油倒入装着舂好的辣椒面的钵里边倒边搅，让辣椒面均匀受热。等油完全冷却，且辣椒沉淀后，提出红油即成。

红油在辣椒选取、味道调配、油温火候等方面，完全依靠厨师的个人技术把控，百人百样，各有其法，有的侧重色红亮，有的侧重味香浓，有的侧重辣度强……红油炼制方法也因此成为许多川菜老师傅秘而不宣的看家本领，他们视红油如法宝，在烹制家常风味菜肴，烧菜、炒菜起锅时或多或少总要搭些红油增香提色。甚至一些咸鲜、五香、酱香、蒜泥、姜汁、芥末、椒麻等风味的菜肴，他们也会依据口味嗜好加点红油，并称此为"搭红"。

随着川菜的发展，红油的类型也越来越丰富，除了传统的辣椒红油，又出现了豆瓣红油，即用郫县豆瓣或家常豆瓣剁细炼制的红油；泡椒红油，即用切碎的泡红辣椒炼制的红油；更有把多种基础调料混合在一起后炼制出的复制红油。红油，特别是踏水坊拌菜红油，已成为许多川厨提升川菜色香味的神器。

红油

（严世全　绘）

胡建清

国家中式烹调高级技师，中国烹饪大师，国家一级评委，四川蜀国大师企业管理有限公司、成都川西坝子红码头餐饮管理连锁有限公司董事长。

代表菜品

红扒鱼头、宫保银鳕鱼、口味鲶鱼、功夫肝片、芥末猪耳朵、百年蒋烤鸭

　　1990 年，胡建清从四川烹饪专科学校毕业，开始了自己的餐饮生涯。他是知名烹饪教授杨文的学生，也是著名川菜大师卢朝华的徒弟。胡建清成名于成都二姐大酒店，并先后在谭鱼头、潮皇阁等酒楼任行政总厨，他的经营管理能力也在这一时期得到锻炼和提高。在事业上野心勃勃的他还创业经营过博力假日酒店餐饮、蒋烤鸭餐厅等。但真正让他名利双收的是创办成都川西坝子红码头餐饮管理连锁有限公司。他将自己一身川菜烹饪技艺运用到火锅上，从底料炒制、食材选择，再到香油、红油鉴别，都精益求精，在火锅江湖闯出自己的一片天地。2017 年，他成立"蜀国大师"集团公司，以餐饮和餐饮文化为主线，打造"蜀国大师"品牌，书写自己的餐饮新篇章。

　　这道红油鸡片，其重点就是红油的选择运用。胡建清娴熟运用自己的川菜烹饪技术和专业的红油鉴赏能力，演绎出这道传统川菜。大师制作，值得期待。

红油鸡片 红油味

- ·主料· 　仔公鸡腿 200 克
- ·辅料· 　熟白芝麻 5 克
- ·调料· 　踏水坊红油 50 克，盐、葱各 5 克，醋 2 克，白糖 1 克，酱油 10 克，姜、蒜各 7 克，小米椒 15 克

1. 将鸡腿入开水锅煮至刚熟捞出，入冷开水中漂凉后捞出沥干水。去骨改刀成片后装盘备用。将姜、蒜、小米椒剁成细粒，葱切成葱花备用。

2. 取一小碗，倒入少许煮过鸡腿的汤，加盐、白糖、酱油、醋对成调味汁后，加入姜粒、蒜粒、小米椒粒和匀，倒入鸡片盘中拌匀。

3. 在盘中鸡片上淋上踏水坊红油，撒上熟芝麻、葱花即成。

· 制作心得 ·

煮鸡腿时应注意火候，不宜久煮；选择踏水坊红油，因其色味纯正自然，辣而不燥，但用量要适度。

菌味山珍精

蛇出燕巢盘斗栱，菌生香案正当衙。

——唐·元稹《连昌宫词》

相传在春秋战国时期，蘑菇、木耳等食用菌已经出现在帝王的宴席上。《礼记》一书中提及包括"芝栭"在内的三十一物，郑玄注云："皆人君燕食所加庶羞也"。"芝栭"即灵芝与木耳。

唐朝出现了人工栽培菌类，有了菌类用于调味的记载。宋代《清异录》记录了肉汤浸渍香蕈增加鲜味。清代将菌类用于调味达到顶峰，宫廷御厨将菌作为菜品提味增鲜的秘密武器。《随园食单》记载菌类"置各菜中，俱能助鲜"。

生于四川南充的陈文是菌味山珍精的创始人。他是青城山道教全真龙门派第27代弟子，深谙道家饮食的养生之道，善用鲜菌提鲜调味。菌类拥有天然增鲜物质，是传统的调味食材，陈文想要研制出一种方便的菌类调味料，让更多的人品尝到野生菌这种大自然赐给人类的美味。他深入四川大山深处，遍寻各种野生菌，并组建科研团队，在成都潜心研究、实验。

秉承"道法自然"的道家思想，菌味山珍精研制中坚持不添加香精、色素、防腐剂，遵循野生食用菌"自然而然"的生长规律，借鉴传统烹饪野生食用菌时采用文火清炖、清烧的宝贵经验，运用现代生物酶工程技术，其低温超浓缩以及分子蒸馏香气回流技术工艺，有效弥补了传统工艺的不足，实现营养、提鲜的双重要求。历时两年，陈文和他的团队终于从众多珍贵野生菌类中萃取出多种香味物质和丰富的营养成分，研发出新型复合型调味品——菌味山珍精，开启了菌菇调料的新篇章。

菌味山珍精菌香风味浓郁，不但可以掩盖油腻、泥腥、腥膻、酸碱等异味，而且在烹饪过程中不抢味、不霸味的特点，带给厨师们创作菜品的无限可能。它是菌汤伴侣，更是素食烹饪的撒手锏，被业界誉为调味品的创新之作。

菌味山珍精

（王静 绘）

崔勇

国家高级中式烹调技师，中国烹饪名师，川菜烹饪名师，成都科华廊桥行政总厨。

代表菜品

家常绍子参、浓汤全家福、旱烧肉、生啫鱼头煲、椒麻蛙腿、牛肉焦饼、酸菜刀削面、叮叮肉、茶香骨、酒香鸡、椒油螺片

　　1996 年在成都宝味轩学厨时，崔勇已经 23 岁，因为比其他学徒年龄都大，这让他倍感压力。但压力也是动力，学徒期满，他是基本功最好的。崔勇性格内向，非常敬业、踏实，在跟随川菜大师曹靖辗转上海、北京等地从厨时，深得曹靖信赖。2003 年回到成都后，他进入成都著名的廊桥酒楼，任炉子组长。2004 年，崔勇拜入曹靖门下，师父曹靖在传统川菜制作和川菜创新上给予他的教诲和帮助令他受益匪浅，2008 年，崔勇当上了廊桥酒楼的行政总厨。崔勇在廊桥当总厨多年，但技术上从来不敢懈怠，在廊桥集团的历年技术比赛中，他的团队始终都是一等奖，烹饪技术始终保持在较高水平之上，这得益于他比别人付出了更多的心血和汗水。

　　用四川著名的雅江松茸制作的捞饭在崔勇所在酒店一直深受客人喜爱。崔勇在烹制时，非常讲究高汤吊制，特别是调制高汤颜色，完全依靠食材本身自然出色。淡淡的茶色之中，底汤的鲜与松茸的独特鲜味弥漫其间，品尝后让人仿佛置身林间旷野。

雅江松茸捞饭 咸鲜味

· **主料** · 雅江松茸 30 克

· **辅料** · 西蓝花 6 克，米饭 80 克，高汤 90 克

· **调料** · 菌味山珍精 5 克，水淀粉 20 克，盐 3 克

· **制作** ·

1. 雅江松茸洗净，切成丝（或片）；西蓝花切小朵，放入沸水中焯熟；取盅，盛入米饭和西蓝花。

2. 锅中倒入高汤，烧开后放入切好的雅江松茸，加入适量菌味山珍精和盐，用水淀粉勾芡，淋在盅内米饭上即成。

· **制作心得** ·

家庭烹制时可根据具体条件选用鸡棒子骨、鸭架加入松茸、香菇等熬制高汤，吊高汤一定要用干香菇提色，色泽才能呈淡茶色，且味道自然清爽，再加入山珍精，更加鲜美可口。

参考书目

[1] 赵崇祚 . 花间集校 [M]. 李一氓，校 . 北京：人民文学出版社 ,1958.

[2] 常璩 . 华阳国志 [M]. 刘琳，校注 . 成都：巴蜀书社 ,1984.

[3] 脱脱 . 宋史 [M]. 北京：中华书局 ,1985.

[4] 罗贯中 . 三国演义 [M]. 北京：人民文学出版社 ,2007.

[5] 李化楠 . 醒园录 [M]. 北京：中国商业出版社 ,1984.

[6] 傅崇矩 . 成都通览 [M]. 成都：成都时代出版社 ,2006.

[7] 曹雪芹 . 红楼梦 [M]. 上海：上海古籍出版社 ,2012

[8] 上海古籍出版社 , 上海书店 . 二十五史 [M]. 上海：上海古籍出版社 ,1986.

[9] 车辐 . 川菜杂谈 [M]. 重庆：重庆出版社 ,1990.

[10] 袁庭栋 . 巴蜀文化 [M]. 沈阳：辽宁教育出版社 ,1991.

[11] 陈浩东 . 成都民间文学集成 [M]. 成都：四川文艺出版社 ,1991.

[12] 成都市文联 , 成都市诗词学会 . 历代诗人咏成都 [M]. 成都：四川文艺出版社 ,1991.

[13] 杨武能 , 邱沛篁 . 成都大词典 [M]. 成都：四川辞书出版社 ,1995.

[14] 李劼人 . 李劼人说成都 [M]. 成都：四川文艺出版社 ,2001.

[15] 熊四智 , 杜莉 . 巴蜀饮食文化纵横 [M]. 成都：四川人民出版社 ,2001.

[16] 杨文华 . 吃在四川 [M]. 成都：四川科学技术出版社 ,2004.

[17] 林语堂 . 苏东坡传 [M]. 张振玉，译 . 西安：陕西师范大学出版社 ,2005.

[18] 肖崇阳 . 川菜风雅颂 [M]. 北京：作家出版社 ,2008.

[19] 谭继和 . 竹枝成都 [M]. 四川人民出版社 ,2008.

[20] 李新 . 川菜烹饪事典 [M]. 成都：四川科学技术出版社 ,2009.

[21] 罗亨长 . 成都吃话 [M]. 北京：中国科学技术出版社 ,2011.

[22] 成都通史编纂委员会 . 成都通史 [M]. 成都：四川人民出版社 ,2011.

[23] 高志刚 , 刘玲 . 我的成都 [M]. 北京：中国文史出版社 ,2017.

[24] 成都市群众艺术馆 . 成都风物 [M]. 成都：四川人民出版社 ,1981.

[25] 四川人民出版社 . 龙门阵 [M]. 成都：四川人民出版社 ,1980.

后记

天府之国人杰地灵，川菜历史源远流长。时代在发展，川菜也在发展。在这样一个菜系文化多元化的年代，川菜需要汲取更多的历史文化知识养分，让文化为川菜赋能，《川菜食画》正是诞生在此背景之下。

《川菜食画》旨在运用人们喜闻乐见的表现形式和方法，赋予川菜新的时代特色和文化内涵，提升川菜的文化品位。我们试图让这些名人川菜食谱跳出典籍，走上餐桌，让更多的读者通过一个个生动有趣的名人川菜故事，多角度地了解天府文化、川菜文化，了解川菜的发源地、生长地。川菜数百年的历史与荣光，将唤起人们对川菜历史文化的沉思与感慨，唤起川菜人的光荣与自豪，唤起他们走出国门弘扬川菜文化的信心！

说的是历史，定格的是当代，《川菜食画》里面的每一道菜，都承载着丰厚的天府文化底蕴，蕴藏着经典老川菜的灵魂，饱含着烹饪大师的虔诚和热爱，彰显着川菜名厨的工匠精神！

《川菜食画》的创作团体成员都拥有多年的从业经历和严谨的职业素养。该书基础文稿编撰历时数年，参阅了大量的与四川历史文化名人等相关的书籍和珍贵的文献资料，正是因为拥有如此丰饶的天府历史文化和川菜文化珍贵土壤，让我们得以汲取充足的养分，我们才有如此坚定的信心完成《川菜食画》的编写。这是我们的荣幸，也是读者的幸运，我们希望《川菜食画》是一个窗口，让喜爱川菜文化的人们由此可以进入到更加浩瀚的川菜历史星河；我们更希望通过《川菜食画》抛砖引玉，引出更多更优秀的川菜文化书籍，奉献给热爱川菜、热爱美食的人们。

在《川菜食画》付梓出版之际，特别鸣谢：

成都市教育学会美术教学专业委员会

四川省成都市饮食公司

中共自贡市委宣传部

自贡市盐业历史博物馆

自贡市商务局

中共内江市委宣传部

中共江油市委宣传部

中共阆中市委宣传部

中共汉源县委宣传部

中共三台县委宣传部

三台县文化广播电视和旅游局

中共成都市双流区委宣传部

中共成都市双流区委史志办公室

成都市双流区文物保护管理所

《四川烹饪》杂志社

《中国大厨》杂志社

四川川菜老师傅传统技艺研习会

四川省餐饮文化促进会

宜宾市餐饮烹饪行业协会

德阳市餐饮烹饪协会

攀枝花市烹饪餐饮行业协会

内江餐饮烹饪协会

达州市餐饮烹饪行业协会

都江堰市烹饪协会

四川金宫味业食品有限公司

四川洪雅县幺麻子食品有限公司

成都新润油脂有限公司

四川天味食品股份有限公司

四川清香园调味品股份有限公司

四川老坛子食品有限公司

四川川野山珍食品有限公司

四川保宁醋食品有限公司

成都红旗油脂有限公司

成都市新都区汇宝隆酒店用品

编者

2019 年 6 月于成都

跋

　　川菜是技术，是科学，是文化，这早已成为学术界之共识。愚以为，技术和科学可以提升川菜的品质，文化则可以提升川菜的品位。本人读罢本书，收获颇多。它寓知识性、技术性、趣味性、故事性于一体，文化含量较高，行文轻松诙谐，妙语连珠，阅读中忍俊不禁，常常让人拍案叫好。

　　当前出版界和餐饮界，各种菜谱书充斥于市，千篇一律，千书一面，以画面吊胃口，以色彩博眼球，其实可读性、知识性、实用性都很差。一些作者自称大师，他们因缘际会，恰好碰上了一个只爱读图，不爱读书的时代，于是将低劣的书籍浓妆艳抹推向市场，表面看似轰轰烈烈，看后却一无所得。本书则不然，它能入心入脑，能让人长知识，能让人品读出趣味和品位。

　　记得一个哲学家说过：有形的东西价值有限；无形的东西则价值无限。例如一道菜品的价值再高也是有限的，但是当它上升到文化的层面时，价值则无可限量了。一个菜系更是如此，即使你罗列了几百上千道菜品，那也只是数量而已，如果不能用一根文化的主线将它串起来，提升它的品位，那么它的价值也是十分有限的。愚以为川菜的优势，不仅是它味觉上的冲击力和味型的丰富，更在于它的文化魅力。

文化与实物相较是无形的，或者说是软性的。但当下人们对文化的诠释往往众说纷纭，莫衷一是。吾以为说一千道一万，文化可以简而概之为"文明进化"。比如川菜，它集两三千年的文明进化，才有了今天的成就，不正是文明的推进与演化吗？将它系统地记录、演绎、创作成书，这就凝结了川菜文化。

　　本书最为可贵之处，在于它用传承、创新两个车轮，对川菜文化做了较好的推进，并且可读性、实用性、指导性都很强。有川菜大师的参与，再加上大家喜欢的美图和视频，更是锦上添花了。

　　值得大家关注的是本书的主创人员罗亨长先生，88 岁高龄依然童心未泯，常常奇思妙想，文思泉涌，语惊四座。罗亨长先生是四川著名的川菜文化学者。他的加入增强了本书的历史文化厚度。夫妻肺片的创始人郭朝华是他的干爷，担担面老板姜子洪是他的师父。亨长少年时期，他的父亲就带领他吃遍大半个成都的名菜名点。他吃过黄晋临、张大千、李劼人做的菜；他研究过薛涛、苏东坡、陆游、李渔、袁枚、杨升庵等大美食家及文化名人吃过或做过的菜；他开过名噪一时、蜚声海外的吞之乎文化火锅；他写过《成都吃话》和许多菜品的铭赋。他对川菜文化孜孜不倦的追求和奉献精神值得我们学习。

　　他与专业美食媒体主编刘玲、四川知名的中国烹饪大师曹靖合作，堪称三足鼎立，珠联璧合。他们推出的这本《川菜食画》正式与大家见面了，并由四川文化大家流沙河先生为之题写了书名。我觉得这是一席川菜文化盛宴，值得每一位喜爱川菜的人去咀嚼，去品味，去感悟，当然更值得我们去珍藏了。

刘学治

遵三作者之嘱写于 2019 年 6 月 27 日灯下

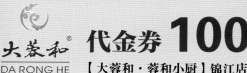

代金券 **100元**
【大蓉和·蓉和小厨】锦江店

地址：成都市锦江区锦江大道368号创意山商业中心（2号地铁洪河站A1）
*本券限菜品消费达到1000元，仅可使用一张100元菜品抵扣券并出示《川菜食画》；
*本券在本店2020年12月31日前有效，限周一至周五大厅、卡座中午用餐使用，过期作废；
餐券使用细则咨询电话：（028）86650969、86670929
最终解释权归本店所有

代金券 **100元**
【大蓉和·回望炊烟】首店（20年磨一剑）

地址：成都市成华区成华大道天荟·万科城市广场2栋二楼（8号地铁东郊记忆站）
*本券限菜品消费达到1000元，仅可使用一张100元菜品抵扣券并出示《川菜食画》；
*本券在本店2020年12月31日前有效，限周一至周五大厅、卡座中午用餐使用，过期作废；
餐券使用细则咨询电话：18980875503
最终解释权归本店所有

代金券 **100元**
【蓉耀·大蓉和宴会中心】
（一个城市的美食荣耀）

地址：成都市锦江区东大路1号泰和国际财富中心（2号地铁牛市口站A2）
*本券限菜品消费达到1000元，仅可使用一张100元菜品抵扣券并出示《川菜食画》；
*本券在本店2020年12月31日前有效，限周一至周五大厅、卡座中午用餐使用，过期作废；
餐券使用细则咨询电话：18980875503
最终解释权归本店所有

代金券 **100元**
【南贝】（科学城南店）

美食热线：028-80205678
地址：成都天府新区科学城湖畔路西段天府菁蓉中心D区B2号楼
100元代金券 消费规则：
1.凭书与此券到店消费
2.最终解释权归本店所有
3.有效期自本书出版之日起至2020年12月31日截止

代金券 **100元**
【银芭】（科学城店）

美食热线：18980437836、61078588
地址：成都天府新区科学城天府菁蓉中心A区1013号
100元代金券 消费规则：
1.凭书与此券到店消费
2.最终解释权归本店所有
3.有效期自本书出版之日起至2020年12月31日截止

代金券 **68元**

【锅儿匠辣子鸡沸城店】成都市武侯区科华北路60号沸城B栋1楼24号
【锅儿匠辣子鸡银石店】成都市锦江区春熙路银石广场5楼
最终解释权归本店所有（活动有效期自本书出版之日起至2020.12.31截止）
凭书与此券到店消费

代金券 **50元**
本券消费满100元抵扣50元
凭书与此券到店消费

【川师店】成都市锦江区静安路7号校园广场 028-68010011
【建设店】成都市成华区建设路26号第五大道2楼 028-84347711
【棕北店】成都市武侯区锦绣路34号棕北国际2楼 028-85574411
【双楠店】成都市武侯区双元街6号附3号 028-61674411
【金楠天街店】成都市武侯区晋阳西一街66号龙湖金楠天街5楼 028-86282885
【星城都店】
成都市成华区二环路北四段府青立交汇处永立星城都12栋2楼 028-83504411
最终解释权归本店所有（活动有效期自本书出版之日起至2020.12.31截止）